普通高等教育工程软件应用系列教材

HyperMesh 实用工程技术

主　编　田建辉

副主编　孙金绢　韩兴本

北京理工大学出版社

BEIJING INSTITUTE OF TECHNOLOGY PRESS

内 容 简 介

本书介绍了 HyperMesh 在有限元分析中的应用。全书以 HyperMesh 软件的操作过程为主线，以模型面板的创建顺序及软件的特征演示为主要内容，最后结合 ANSYS 软件的导入过程进行求解对接及工程实例演练。全书主要内容包括 HyperMesh 概述、几何清理、一维（1D）单元操作、二维（2D）网格划分、三维（3D）网格划分、Analysis 界面功能、"Tool" 菜单功能、Post 界面功能、与 ANSYS 软件对接。

本书可作为工程力学专业和机械工程专业本科生的专业课教材，也可作为机械设计制造及其自动化、机械设计及理论、机械电子工程等专业本科生高年级及研究生教材，也可作为高等职业学校、高等专科学校、成人院校的机电一体化、数控技术及应用、机械制造及自动化等专业的教材，还可作为相关工程技术人员的参考资料或培训教材。

图书在版编目（CIP）数据

HyperMesh 实用工程技术 / 田建辉主编. —北京：北京理工大学出版社，2020. 1（2024. 8 重印）

ISBN 978-7-5682-8142-3

Ⅰ. ①H… Ⅱ. ①田… Ⅲ. ①有限元分析-应用软件-教材 Ⅳ. ①O241. 82-39

中国版本图书馆 CIP 数据核字（2020）第 022635 号

出版发行 / 北京理工大学出版社有限责任公司

社　　址 / 北京市海淀区中关村南大街 5 号

邮　　编 / 100081

电　　话 /（010）68914775（总编室）

　　　　　（010）82562903（教材售后服务热线）

　　　　　（010）68948351（其他图书服务热线）

网　　址 / http：//www. bitpress. com. cn

经　　销 / 全国各地新华书店

印　　刷 / 涿州市新华印刷有限公司

开　　本 / 787 毫米×1092 毫米　1/16

印　　张 / 17

字　　数 / 399 千字

版　　次 / 2020 年 1 月第 1 版　2024 年 8 月第 2 次印刷

定　　价 / 48.00 元

责任编辑 / 王玲玲

文案编辑 / 王玲玲

责任校对 / 刘亚男

责任印制 / 李志强

　　计算机辅助分析是以多种学科的理论为基础，以 CAE 技术及其相应的软件为工具，通过有限元方法来分析和解决问题的一门综合性技术。仿真分析作为信息时代除理论推导和科学试验之外的第三类新型科研方法，其技术及相关成果广泛应用于工业产品的研究、设计、开发、测试、生产、培训、使用、维护等各个环节。

　　本书以 HyperMesh 13.0 软件的操作过程为主线，以模型面板的建立顺序及软件的特征演示为主要内容，最后结合 ANSYS 软件的导入过程进行求解对接及工程实例演练。全书主要内容包括 HyperMesh 概述、几何清理、一维（1D）单元操作、二维（2D）网格划分、三维（3D）网格划分、Analysis 界面功能、"Tool" 菜单功能、Post 界面功能、与 ANSYS 软件对接。本书对于有限元的初学者和研发人员来说，具有较好的理论指导和实践操作的帮助。

　　本书具有如下特色：

　　● 作为机械工程专业研究生的专业课教材，突出专业性，重点讲解机械工程专业课相关的有限元高级理论、技术、工具和应用。内容选择尽量集中凝练，突出关键内容，以期以点带面，除了通过课程学习使研究生掌握核心的、必需的高级专业知识外，还能对以后的知识和学习起到辐射作用。

　　● 突出实用性和实践性，注重理论与实践的结合，将知识的阐述与功能强大的专业工具及工程应用结合在一起，使用户除了具有高级理论知识之外，还具有对工程问题的解决方法、手段和能力。

　　● 突出综合性，从工程应用的实际出发，从多个角度和层面分析工程问题，并注意内容组织的系统性。

　　● 突出先进性，体现专业领域的最新发展。

　　● 编写方式采用渐进性，强调通俗易懂，由浅入深，并力求全面、系统和重点突出。

　　本书可作为机械设计制造及其自动化专业、工程力学专业、数学专业的研究生教材，也可作为高等职业学校、高等专科学校、成人院校的机电一体化、工程力学、机械制造及自动化等专业的教材，还可作为有限元分析工程技术人员和研发人员的参考资料或培训教材。

　　本书的编写得到了西安工业大学教务处教材建设项目立项支持和西安工业大学 CAE 工程应用分析室团队的支持。本书由西安工业大学田建辉教授主编，负责内容规划和统稿。第 1~6 章由西安工业大学田建辉教授编写；第 7 章由西安工业大学韩兴本老师编写；第 8、9 章由西安工业大学孙金绢老师编写。在本书的编写过程中，西安工业大学的肖坎、景国权、张鸿睿等研究生参与了资料的收集、整理和编写工作，在此一并表示感谢！

　　由于作者水平和经验有限，书中疏漏在所难免，恳请读者提出宝贵意见，我们会在适当时机进行修订，在此深表谢意！

编　者

目 录

第 1 章

HyperMesh 概述

■■/ 本章内容

本章主要介绍 HyperMesh 用户界面，通过实例介绍 HyperMesh 的基本操作步骤。

■■/ 学习目的

熟悉 HyperMesh 界面，为用户更好地应用 HyperMesh 解决实际问题打下基础。

1.1 HyperMesh 简介

随着现代机械装备研发技术的不断发展，兴起了一个专门的学科——计算机辅助工程（Computer Aided Eingeering，CAE）。由于其强大的仿真功能，CAE 在工业中越来越重要，计算机仿真成为产品上市前必需的环节。而在现代机械装备的研发与激烈的市场竞争中，有限元模型规模日益增加，网格划分要求越来越严格，产品研发周期缩短，因此，一部分传统的有限元前后处理器已经远远不能满足这些新的要求。

在 CAE 工程技术领域，HyperMesh 最著名的特点是它强大的有限元网格划分前处理功能。一般来说，CAE 分析工程师在有限元模型的建立、修改和网格的划分上花费了大量的时间，而真正的分析求解时间则消耗在计算机工组站上，所以采用一个功能强大，使用方便灵活，并能够与众多 CAD 系统和有限元求解器进行方便的数据交换的有限元前后处理工具，对于提高有限元分析工作的质量和效率具有十分重要的意义。

1.1.1 HyperMesh 软件版本简介

HyperMesh 13.0 是一个高性能的有限元前处理器，它能让 CAE 分析工程师在高度交互及可视化的环境下进行仿真分析工作。与其他的有限元前后处理器相比，HyperMesh 的图形用户界面易于学习，特别是它支持直接输入已有的三维 CAD 几何模型和已有的有限元模型，并且导入的效率和模型质量都很高，可以大大减少很多重复性的工作，使得 CAE 分析工程师能把更多的精力和时间投入分析计算工作中。在处理几何模型和有限元网格的效率与质量方面，HyperMesh 13.0 具有很好的速度、适应性和可定制性，并且模型规模没有软件限制。其他很多有限元前处理软件在读取一些复杂的、大规模的模型数据时需要很长时间，并且很多情况下并不能够成功导入模型，这样后续的 CAE 分析工作就无法进行；而如果采用 HyperMesh 13.0，其强大的几何处理能力使其可以很快地读取结构非常复杂、规模非常大的模型数据，从而大大提高 CAE 分析工程师的工作效率，也使得很多应用其他前后处理软件很难或者不能解决的问题变得迎刃而解。

1.1.2　HyperMesh 支持的文件格式及软件类型

HyperMesh 支持目前全球通用的各类主流三维 CAD 平台，用户可以直接读取 CAD 模型文件而不需要其他的数据转换。其支持的 CAD 文件格式见表 1-1。

表 1-1　HyperMesh 支持的 CAD 文件格式

CATIA	UG	Pro/E	Parasolid	PDGS
SolidWorks	IGES	STEP	STL	Tribon
VDAFS	DXF	ACIS	JT	

HyperMesh 和主流的有限元计算软件都有接口，可以在高质量的网格模型基础上为各种有限元求解器生成输入文件，或者读取不同求解器的结果文件。其支持的有限元计算软件见表 1-2。

表 1-2　HyperMesh 支持的有限元计算软件

OptiStruct	ABAQUS	Madymo	Permas	RADIOSS
Nastran	HyperForm	PamCrash	Moldflow	N-Code
Dytran	HyperXtrude	MARC	Fluent	MotionSolve
ANSYS	LS-DYAN	Ideas	StarCD	

工程师还可以在 HyperMesh 中采用 User Profiles 为不同的求解器制定相应的建模环境，也可以采用 Tcl/Tk 或命令行语言为 HyperMesh 添加更多的接口，以满足工程师二次开发软件和程序需要。

1.2　HyperMesh 工作界面

本节主要介绍 HyperMesh 13.0 用户界面。HyperMesh 工作界面包括标题栏、菜单栏、工具栏及标签区，其具体工作界面如图 1-1 所示。

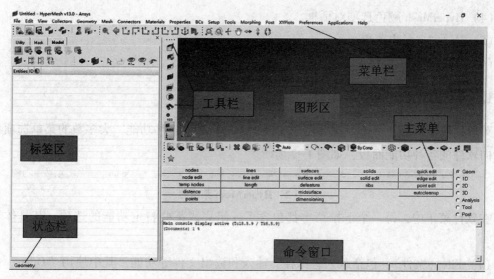

图 1-1　HyperMesh 工作界面

（1）标题栏：位于整个 HyperMesh 工作界面顶端，主要用来显示 HyperMesh 版本信息与当前文件名称。

（2）菜单栏：位于标题栏下部，单击下拉菜单弹出下一级菜单选项，由此可以进入 HyperMesh 不同的功能模块。

（3）工具栏：位于图形区周围，包含常用功能的快捷键，用户可以自定义工具栏的位置。

（4）标签区：提供多种专业工具。

（5）图形区：位于标题栏下部，主要用于模型的显示。在图形区域也可以实现模型的实时交互显示控制，还可以进行对象的选择。

（6）主菜单：按照功能分为 7 组子菜单，每次只能显示其中一个。

（7）命令窗口：用户可以在命令窗口直接输入命令来代替用户界面的操作。在默认情况下命令窗口不显示，可以在 "View" 菜单下进行设置。

（8）状态栏：位于工作界面最下方，左端显示当前所打开的主菜单，默认情况下为 "Geometry"。右端的 3 个区域分别显示了当前调用的库文件、组件集和载荷集，默认情况下 3 个区域为空白。用户在使用软件的过程中，任何错误信息或者警告信息都会在状态栏中显示，其中错误信息为红色标识，警告信息为绿色标识。

1.3　用户界面

本节主要对 HyperMesh 用户界面进行详细介绍，主要内容包括：

（1）HyperMesh 菜单栏。

（2）HyperMesh 工具栏。

（3）HyperMesh 标签区。

（4）HyperMesh 颜色选项对话框。

（5）HyperMesh 主菜单。

（6）HyperMesh 计算器。

1.3.1　HyperMesh 菜单栏

菜单栏位于标题栏下方，主要用于实现 HyperMesh 的多种功能，大多数的菜单选项都直接指向软件的各种功能面板，如图 1-2 所示。

File Edit View Collectors Geometry Mesh Connectors Materials Properties BCs Setup Tools Morphing Post XYPlots Preferences Applications Help

图 1-2　HyperMesh 菜单栏

在软件菜单中，每一个下拉菜单都包含了一组完成某些特定功能的选项，其具体说明如下：

（1）File（文件）：包括载入、保存、输入和输出文件等功能，其中使用"Open"命令可以一次编辑一个模型，使用"Import"命令可以在当前进程中添加新的模型。

（2）Edit（编辑）：包括隐藏、删除及查找对象等功能。

（3）View（视图）：改变模型的视角、光线、可见性和标签域项目的位置及其他功能选项。

（4）Collectors：包含创建与重命名等功能。

（5）Geometry（模型）：包含模型的编辑和清理工具。

（6）Mesh（网格）：包含一系列的网格划分工具。

（7）Connectors（连接）：包含创建、编辑、释放和操作各种类型的连接工具。

（8）Materials（材料）：包含用于创建与编辑材料卡片及将其分配给各个组件等功能选项。

（9）Properties（属性）：包含用于创建与编辑属性卡片及将其分配给各个组件等功能选项。

（10）BCs（边界条件）：包含一些边界条件的工具，如力、压强、约束等。

（11）Setup（建立）：包含模型的材料、接触面等属性的工具。

（12）Tools（工具）：包含变形、旋转、平移、复制和缩放对象等功能。

（13）Morphing（变形）：对网格对象进行创建、编辑、变形等操作。

（14）Post（后处理）：查看仿真的结果。

（15）XY Plots（*XY* 图）：创建仿真变量和结果的图表。

（16）Preference（个性化）：包含一些用户配置文件、全局选项和键盘按键设置等功能。

（17）Application（应用）：快速进入软件平台的其他项目。

（18）Help（帮助）：进入在线帮助系统。

1.3.2　HyperMesh 工具栏

HyperMesh 工具栏主要包含一些比较常用操作的按钮。每一个工具栏都可以根据用户使用习惯拖动至工具栏区域的任意位置，或者浮动在 HyperMesh 应用窗口的任意位置。

本节主要介绍 HyperMesh 专用工具栏，其主要包含 Standard（标准工具栏）、Standard-Views（标准视图工具栏）、ViewControls（视图控制工具栏）、Display（显示工具栏）、Collectors（组件工具栏）、Visualization（标准显示工具栏）。

1. Standard（标准工具栏）

Standard 标准工具栏如图 1-3 所示。

图 1-3　Standard 工具栏

Standard 工具栏按钮应用功能具体说明见表 1-3。

表 1-3　Standard 工具栏按钮应用功能

一级按钮	二级按钮	鼠标箭头指向显示	执行功能
		New Model	加载新的模型
		Open Model	打开已有模型，替换原来进程中的模型数据
		Save Model	保存模型数据
		Import Model	加载模型
		Import Solver Deck	打开加载面板
		Import Geometry	输入几何模型
		Import Connectors	输入组件
		Export Model	输出模型
		Export Solver Deck	输出求解模型
		Export Geometry	输出几何模型
		Export Connectors	输出组件

2. StandardViews (标准视图工具栏)

StandardViews 标准视图工具栏如图 1-4 所示。

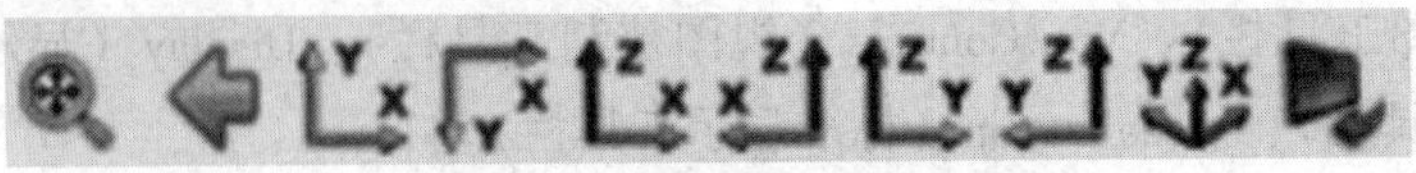

图 1-4　StandardViews 工具栏

StandardViews 工具栏按钮应用功能具体说明见表 1-4。

表 1-4　StandardViews 工具栏按钮应用功能

按钮	鼠标箭头指向显示	执行功能
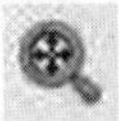	Fit Model	在图形区适应模型
	Previous View	退回前一步
	XY Top Plane View	XY 上平面视图
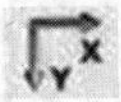	XY Bottom Plane View	XY 下平面视图
	XZ Left Plane View	XZ 左平面视图
	XZ Right Plane View	XZ 右平面视图
	YZ Rear Plane View	YZ 后平面视图
	YZ Front Plane View	YZ 前平面视图
	Isometric View	等轴测视图
	Reverse View	返回视图

3. ViewControls (视图控制工具栏)

ViewControls 视图控制工具栏如图 1-5 所示。

图 1-5　ViewControls 工具栏

ViewControls 工具栏按钮应用功能具体说明见表 1-5。

表 1-5　ViewControls 工具栏按钮应用功能

按钮	鼠标箭头指向显示	执行功能
	Zoom In/Out	放大/缩小视图
	Circle/Dynamic Zoom	放大视图
	Dynamic Rotate/Spin	移动模型视图
	Pan/Center Model	定位模型中心
	Rotate Right/Left	左右旋转模型视图
	Rotate Up/Down	上下旋转模型视图
	Rotate Clockwise/ Counter Clockwise	旋转视图

4. Display（显示工具栏）

Display 显示工具栏如图 1-6 所示。

图 1-6　Display 工具栏

Display 工具栏按钮应用功能具体说明见表 1-6。

表 1-6　Display 工具栏按钮应用功能

按钮	鼠标箭头指向显示	执行功能
	Mask	打开"Mask"面板，执行隐藏功能
	Reverse Elements/All	处于当前显示的 collectors 中所有单元的显隐状态 进行反向操作
	Unmask Adjacent Elements/ Surfaces	显示与当前显示单元相邻的一行单元
	Unmask All	显示当前显示的 collectors 中的所有对象
	Mask not Shown/Unmask Shown	隐藏当前显示的 collectors 中的位于当前图形区窗 口之外的所有对象
	Spherical Clipping/ Hidden Line Panel	设定圆心和半径，从而对模型进行球形裁切来执 行隐藏和显示功能

续表

按钮	鼠标箭头指向显示	执行功能
	Find	打开"Find"面板
	Display Number	打开"Numbers"面板
	Display Element Handles	单击切换单元的显隐状态，该功能也可以通过"Perference"→"Graphics"实现
	Display Load Handles	单击切换载荷的显隐状态，该功能也可以通过"Perference"→"Graphics"实现
	Change Load Vector（Tip/Tail）at Application Point	改变载荷方向
	Display Fixed Points	单击切换硬点的显隐状态，该功能也可以通过"Perference"→"Graphics"实现

5. Collectors（组件工具栏）

Collectors 组件工具栏如图 1-7 所示。

图 1-7　Collectors 工具栏

Collectors 工具栏按钮应用功能具体说明见表 1-7。

表 1-7　Collectors 工具栏按钮应用功能

按钮	鼠标箭头指向显示	执行功能
	Assemblies	打开"Assemblies"面板
	Components	打开"Components"面板
	Materials	打开"Materials"面板
	Properties	打开"Properties"面板
	Load Collectors	打开"Load Collectors"面板
	System Collectors	打开"System Collectors"面板

按钮	鼠标箭头指向显示	执行功能
	Vector Collectors	打开 "Vector Collectors" 面板
	BeamSection Collectors	打开 "BeamSection Collectors" 面板
	MultiBody Collectors	打开 "MultiBody Collectors" 面板
	Delete	打开 "Delete" 面板
	Card Edit	打开 "Card Edit" 面板
	Organize	打开 "Organize" 面板
	Renumber	打开 "Renumber" 面板

6. Visualization（标准显示工具栏）

Visualization 标准显示工具栏如图 1-8 所示。

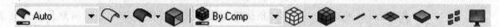

图 1-8　Visualization 工具栏

Visualization 工具栏按钮应用功能具体说明见表 1-8。

表 1-8　Visualization 工具栏按钮应用功能

按钮	下拉菜单	执行功能
Auto	1）Auto	1）基于当前激活的面板自动选择下列颜色显示模式的一种。通过 "Preferences" → "Colors" 菜单选项可以修改颜色
	2）By Assembly	2）所有曲面和实体面根据几何特征所属 component 设置的颜色进行着色。component 的颜色可以通过 "Model Browser" → "Component View" 命令进行设置
	3）By Comp	3）曲面为灰色，曲面边根据比较关系着色
	4）By Topo	4）曲面为灰色，曲面边根据拓扑关系着色
	5）By 2D Topo	5）曲面和曲面的边为蓝色，忽略 2D 拓扑关系着色规则
	6）By 3D Topo	6）曲面根据所属 component 的设置颜色着色，曲面边根据拓扑关系着色；实体根据所属 component 的设置颜色着色，实体面的边根据拓扑关系着色
	7）Mixed	7）曲面以线框模式显示，曲面边着色为蓝色；实体面根据可映射性着色，实体面根据拓扑关系着色
	8）Mappable	8）为图形选择颜色，例如边、面、网格线、全局轴和图形区域背景并允许选择颜色的渐变模式

续表

按钮	下拉菜单	执行功能
	1）Wireframe Geometry	1）将几何显示模式设置为带曲面边的着色几何模型
	2）Wireframe Geometry and Surface Lines	2）将几何显示模式设置为着色几何模型
	1）Shaded Geometry and Surface Edges	1）将几何显示模式设置为带曲面线的线框几何模型
	2）Shaded Geometry	2）将几何显示模式设置为线框几何模型
	Geometry Transparency	打开"Transparency"面板
By Comp	1）By Comp	1）所有单元根据其所属 component 的设置颜色进行着色
	2）By Prop	2）所有单元根据为其分配的属性颜色进行着色
	3）By Mat	3）所有单元根据为其分配的材料进行着色
	4）By Assem	4）所有单元根据其所属的"Assembly"进行着色
	5）1D/2D/3D	5）所有的单元根据它们的维度关系进行着色
	6）By Config	6）所有单元根据其单元配置进行着色
	7）By Thickness	7）壳单元根据其厚度值着色
	8）By Element Quality	8）根据单元质量进行着色（单元质量指划分单元密度、形状、数量）
	9）By Domain	9）根据划分区域进行着色
	1）Wireframe Elements Sbin Only	1）将当前单元的显示模式设置为线框单元模式，仅在程序中显示
	2）Wireframe Elements	2）将当前单元的显示模式设置为线框单元模式
	3）Transparent Elements	3）将当前单元的显示模式设置为透视单元的特征线模式，单元处于着色且透视状态，同时显示特征线，不显示网格
	1）Shaded Elements and Mesh Lines	1）将当前单元的显示模式设置为带网格线的着色模式，单元呈着色状态，同时显示曲面的网格线
	2）Shaded Elements and Feature Lines	2）将当前单元的显示模式设置为带特征线的着色单元模式，单元为着色装填，但仅显示特征线，不显示网格线
	3）Shaded Elements	3）将当前单元的显示模式设置为着色单元模式，单元为着色模式，不显示任何线
	1）1D Traditional Element Representation	1）只显示简单单元
	2）1D Detailed Element Representation	2）显示更具体的基于形状的细节信息
	3）1D Traditional and Detailed Element	3）简单单元和基于形状的细节信息均会显示

按钮	下拉菜单	执行功能
	1）2D Traditional Element Representation	1）只显示梁或类似对象的简单单元
	2）2D Detailed Element Representation	2）显示梁或类似对象的更具体的基于形状的细节信息
	3）2D Traditional and Detailed Element	3）梁或类似对象的简单单元和基于形状的细节信息均会显示
	1）Layers Off 2）Composite Layers 3）Composite Layers with Fiber Direction 4）Layers Edges	1）铺层处于隐藏状态 2）复合材料中的铺层处于显示状态 3）显示铺层，同时标明其纤维方向 4）显示铺层边线
	Shrink Elements	根据 Shrink 因子进行 Shrink Element 的切换
	Visualization Options	鼠标单击该按钮打开"Visualization"标签

1.3.3 HyperMesh 标签区

HyperMesh 中的标签区的主要作用是放置浏览器。用户在使用软件的过程中还会遇到其他标签，这些是 HyperWorks 平台应用中的常见形式，并非 HyperMesh 独有。并且在使用其他应用时，用户也会在标签区遇到其他不同的浏览器，HyperMesh 标签区主要包括以下内容：

（1）HyperMesh Config Browser（HyperMesh 配置浏览器）；

（2）HyperMesh Connector Browser（HyperMesh 连接浏览器）；

（3）HyperMesh Entity State Browser（HyperMesh 对象状态浏览器）；

（4）HyperMesh Loadcase Browser（HyperMesh 工况浏览器）；

（5）HyperMesh Mask Browser（HyperMesh 显隐浏览器）；

（6）HyperMesh Model Browser（HyperMesh 模型浏览器）；

（7）HyperMesh Solver Browser（HyperMesh 求解器浏览器）；

（8）HyperMesh Utility Menu（HyperMesh 通用菜单）。

1.3.4 HyperMesh 颜色选项对话框

HyperMesh 颜色选项对话框的主要功能是对用户创建的模型、网格颜色进行自定义。其路径为"Preference"→"Colors"。其功能主要细分为：

（1）General（通用标签）；

（2）Geometry（几何标签）；

（3）Mesh（网格标签）。

下面分别对三种标签功能进行详细介绍：

1. General

"General"标签对话框如图 1-9 所示，其主要功能是控制图形区背景颜色的改变和渐变方向，同时，还可以控制全局坐标轴的颜色。

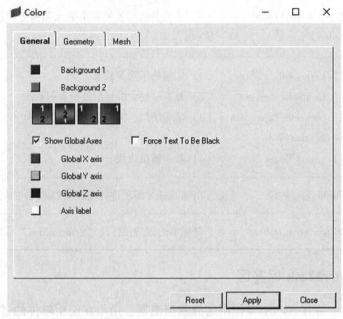

图 1-9　"General"标签

用户可以为 Background 1 和 Background 2 分别设定任何想要的颜色，并控制其背景色的渐变，如图 1-10 所示。

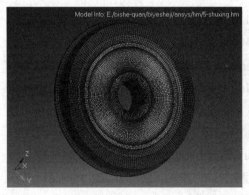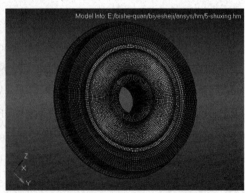

图 1-10　背景颜色渐变

同时，也可以用一系列的渐变功能框改变颜色的渐变方向和样式，每一个对话框都会显示该功能的渐变样式。

最后，用户可以为 X、Y、Z 的全局坐标轴向量及其名称字母设定不同的颜色，该坐标轴会显示在图形区的左下角位置。

单击"Reset"（复位）按钮可以将所有的用户设置还原为默认设置。单击"Apply"（应用）按钮会立即应用当前的设置，但不会关闭该对话框。单击"Close"（关闭）按钮将不会应用当前的设置，同时会关闭当前窗口。

2. Geometry

"Geometry"标签对话框应用于对所有几何对象的颜色设定。

模型的几何特征主要分为 2D 曲面和 3D 实体，两类模型的几何特征之间不会相互影响，除了这两类模型类别外，另一个类别为 By mappable display mode，其并不针对某一部分的具体实体，而用于标明实体的特性。该类别中设定的颜色用于标明实体可以被映射多少个可能的方向，且专用于 mappable（可映射的）的几何显示模式。在其他显示模式中将不会显示该类别中设定的颜色，即使模型中包括实体对象，如图 1-11 所示。

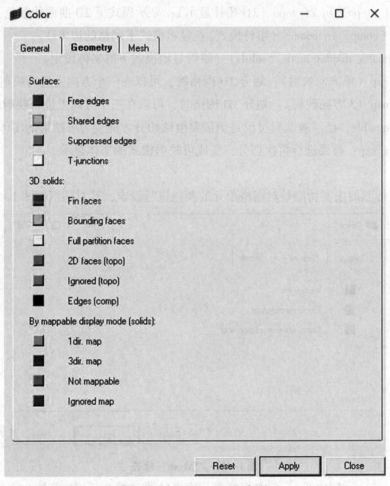

图 1-11　"Geometry"标签

➤ Surface（曲面设定）

①Free edges（自由边）：没有与其他任何曲面相连接的单独的边。

②Shared edges（共享边）：两个曲面共同拥有的边。

③Suppressed edges（抑制边）：共享边被手工抑制，这样在自动划分网格时会将两个共

享一条抑制边的曲面认定为一个曲面进行网格划分，这样所划分的网格可以穿过抑制边，与没有抑制边的效果一样。

④T-junctions（T 形边）：被 3 个或 3 个以上曲面共享的边。

➢3D solids（3D 实体设定）

①Fin faces：用于切割 3D 实体对象的面，但是只进行部分切割，即该曲面没有完全延伸至整个实体。

②Bounding faces：实体对象的表面边界面。

③Full partition faces：相邻实体的面。

④2D faces（topo）：使用 by 2D topo（2D 拓扑显示）显示模式时，显示的是不属于实体的 2D 曲面拓扑关系的颜色。

⑤Ignored（topo）by 2D topo（2D 拓扑显示）：显示模式下 2D 曲面的颜色。

⑥Edges（comp）by coomp（组件模式）：显示模式下网格的边界线。

➢By mappable display mode（solids）（映射显示模式下的实体设定）

①1 dir. map（单方向映射）：划分 3D 网格时，可以在一个方向上进行映射的实体显示。

②3 dir. map（3 方向映射）：划分 3D 网格时，可以在三个方向上进行映射的实体显示。

③Not mappable：已经被编辑过但是仍需要继续切分才能变为可映射的实体显示。

④Ignored map：需要进行再次切分，变成可映射模式的实体显示。

3. Mesh

"Mesh"标签的主要功能是对网格单元的颜色进行设定，其对话框如图 1-12 所示。

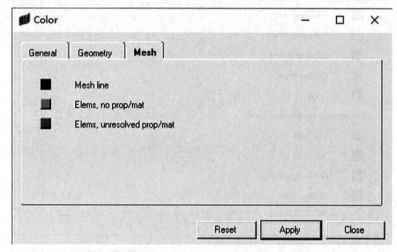

图 1-12 "Mesh"标签

（1）Mesh line（网络线）：定义网格单元边界的线（并非几何特征线）。

（2）Elems, no prop/mat（未定义属性和材料的单元）：指当前未定义属性和材料的单元。

（3）Elems, unresolved prop/mat（在当前模型中未找到相关联属性和材料的单元）：指该单元已经定义了属性和材料，但是在当前模型中并未找到相关联的属性和材料。

1.3.5　HyperMesh 主菜单

HyperMesh 主菜单主要包括 Geom（模型工具菜单）、1D（一维单元工具菜单）、2D（二维单元工具菜单）、3D（三维单元工具菜单）、Analysis（求解工具菜单）、Tool（工具菜单）、Post（结果后处理工具菜单）七个部分，以下对主菜单进行详细介绍。

1. Geom（模型工具菜单）

Geom（模型工具菜单）主要提供点、线、面、体的相关工具，其工作窗口如图 1-13 所示。

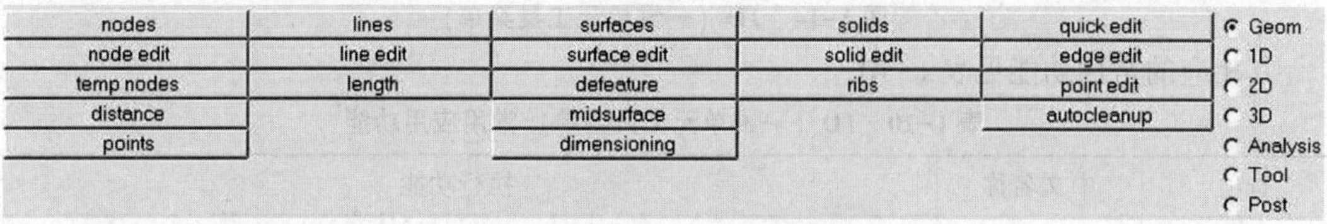

nodes	lines	surfaces	solids	quick edit	⦿ Geom
node edit	line edit	surface edit	solid edit	edge edit	○ 1D
temp nodes	length	defeature	ribs	point edit	○ 2D
distance		midsurface		autocleanup	○ 3D
points		dimensioning			○ Analysis
					○ Tool
					○ Post

图 1-13　Geom（模型工具菜单）

其相应的常用功能见表 1-9。

表 1-9　Geom（模型工具菜单）常用功能

选项	中文名称	执行功能
nodes	节点	打开节点面板
node edit	节点编辑	在一个平面上关联、移动或放置节点
temp nodes	临时节点	增加或去掉临时节点
distance	距离	查询节点之间的距离和角度
points	点	创建点
lines	线	通过拾取节点创建线
line edit	线编辑	组合线，在一个点、交点、线或平面处分割线，或对线进行平滑处理
length	长度	确定一组已选择线的长度
surfaces	曲面	创建曲面
surface edit	曲面编辑	用线或曲面剪切曲面、分割面上的边、从曲面边创建线和去除剪切线
defeature	删除特征	去掉曲面特征
midsurface	中面	创建中面
dimensioning	尺寸标注	进行两点间的尺寸标注
solids	体	创建体
solid edit	体编辑	对体进行编辑
ribs	筋	创建加强筋
quick edit	快速编辑	对点、线、面进行快速编辑
edge edit	边编辑	对边进行编辑
point edit	点编辑	对点进行编辑
autocleanup	几何清理	自动清理自由边，并根据模型拓扑状态对其边沿进行渲染

2. 1D（一维单元工具菜单）

1D（一维单元工具菜单）的主要功能是进行一些单元的创建与编辑，其功能面板如图 1-14 所示。

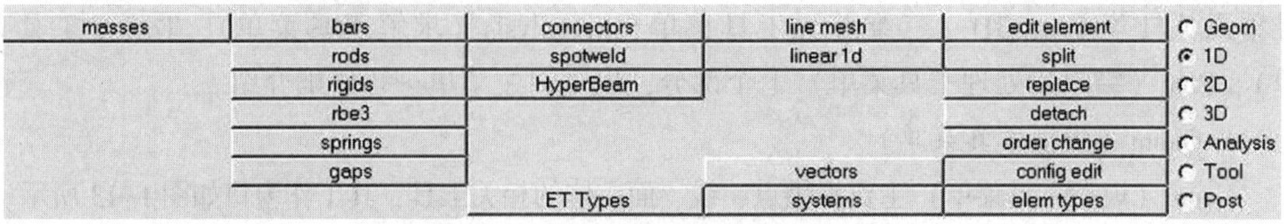

图 1-14　1D（一维单元工具菜单）

其相应的常用功能见表 1-10。

表 1-10　1D（一维单元工具菜单）常用应用功能

选项	中文名称	执行功能
masses	质量	创建和更新质量单元
bars	梁单元	创建或更新 bar2 或 bar3 单元
rods	杆单元	创建或更新杆单元
rigids	刚性单元	创建或更新刚性或刚性连接单元
rbe3	rbe3 单元	创建或更新 rbe3 单元
springs	弹簧单元	创建或更新弹簧单元
gaps	间隙	创建、查看或更新间隙单元
connectors	集合器	创建组合数据在一起的组件
spotweld	点焊单元	创建或更新点焊单元
HyperBeam	Hyper 梁	进入 Hyper 梁模式之前定义梁截面特性
ET Types	ET 类型	ET 类型选择
line mesh	线网格	在节点之间或沿着一条线创建一维单元
linear 1d	线性一维	创建一维绘图单元
vectors	向量	创建或更改向量
systems	坐标系统	创建局部坐标系统
edit element	编辑单元	创建、组合和分割单元
split	分割	将单元分割成指定的模式
replace	替代	等效节点
detach	分离	从连接单元中分离单元
order change	改变阶次	改变单元的阶次
config edit	配置编辑	改变已有单元的配置
elem types	单元类型	选择和改变已有的单元模型

3. 2D（二维单元工具菜单）

2D（二维单元工具菜单）的主要功能是对平面进行网格的划分与编辑操作，其功能面板如图 1-15 所示。

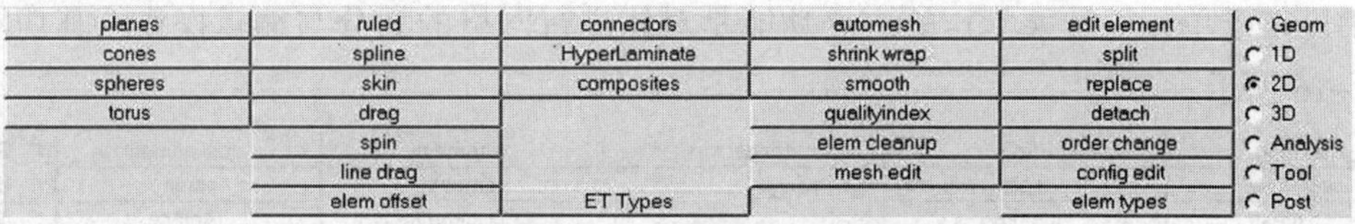

planes	ruled	connectors	automesh	edit element	○ Geom
cones	spline	HyperLaminate	shrink wrap	split	○ 1D
spheres	skin	composites	smooth	replace	◉ 2D
torus	drag		qualityindex	detach	○ 3D
	spin		elem cleanup	order change	○ Analysis
	line drag		mesh edit	config edit	○ Tool
	elem offset	ET Types		elem types	○ Post

图 1-15　2D（二维单元工具菜单）

其相应的常用功能见表 1-11。

表 1-11　2D（二维单元工具菜单）常用应用功能

选项	中文名称	执行功能
planes	平面	通过平面上的线创建一个平面或网格
cones	圆锥	创建圆锥、圆柱曲面和网格
spheres	球面	创建球面或网格
torus	圆环	创建环面或网格
ruled	规则	通过不连在一起的节点或线创建一个平面或网格
spline	样条	通过样条线创建曲面或网格
skin	蒙皮	通过一系列线创建一个平面或网格
drag	拖动	通过拖动节点、线或单元创建一个曲面或网格
spin	旋转	通过沿着一个向量旋转节点、线或单元创建一个曲面或网格
line drag	线拖动	通过沿着一条线旋转节点、线或单元创建一个曲面或网格
elem offset	单元偏置	对于板单元或壳单元，通过板壳单元法线方向的偏置，创建实体单元、多层板单元或壳单元
connectors	集合器	各个功能组件集合
composites	合成	对单元进行合成
ET Types	ET 类型	ET 类型选择
automesh	自动网格	在曲面上交互式或自动划分网格
shrink wrap	收缩	对单元进行收缩
smooth	光滑	使单元更加平滑
qualityindex	质量检查	检查网格质量
elem cleanup	清除单元	清除所选中的单元
mesh edit	编辑网格	对网格划分参数进行编辑
edit element	编辑单元	对单元进行编辑
split	分割	分割单元
replace	替换	重新替换单元
detach	分离	对单元进行分离
order change	顺序改变	对单元或者组件顺序进行改变
config edit	配置编辑	对单元配置进行编辑
elem types	单元类型	创建单元类型

4. 3D（三维单元工具菜单）

3D（三维单元工具菜单）的主要功能是对体进行网格的划分与编辑操作，其功能面板如图 1-16 所示。

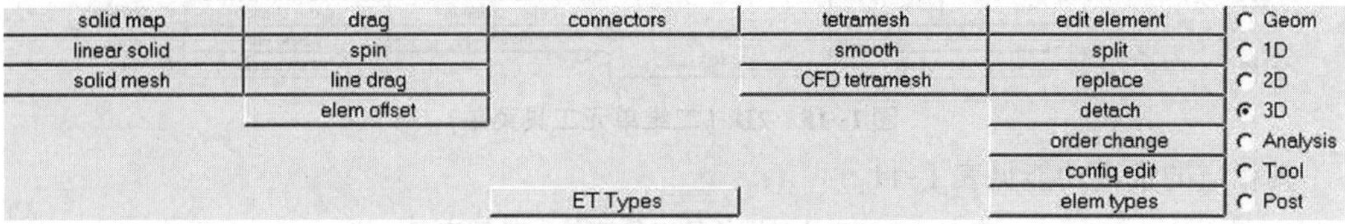

solid map	drag	connectors	tetramesh	edit element	○ Geom
linear solid	spin		smooth	split	○ 1D
solid mesh	line drag		CFD tetramesh	replace	○ 2D
	elem offset			detach	◉ 3D
				order change	○ Analysis
				config edit	○ Tool
		ET Types		elem types	○ Post

图 1-16　3D（三维单元工具菜单）

其相应的常用功能见表 1-12。

表 1-12　3D（三维单元工具菜单）常用应用功能

选项	中文名称	执行功能
solid map	实体映射	通过定义原始面、目标面和引导面创建实体
linear solid	线性实体	在平面单元的两个组之间创建实体单元
solid mesh	实体网格	在由边线定义的实体内创建实体网格
drag	拖动	通过拖动节点、线或单元创建一个曲面或网格
spin	旋转	通过沿着一个向量旋转节点、线或单元创建一个曲面或网格
line drag	线拖动	通过沿着一条线旋转节点、线或单元创建一个曲面或网格
elem offset	单元偏置	对于板单元或壳单元，通过板壳单元法线方向的偏置，创建实体单元、多层板单元或壳单元
connectors	组件	创建组件
tetramesh	四面体网格自动划分	填充封闭曲面围成的实体，生成一阶或二阶四面体实体单元
smooth	光滑	光滑曲线、曲面

5. Analysis（求解工具菜单）

Analysis（求解工具菜单）的主要功能是对模型进行分析求解，其功能面板如图 1-17 所示。

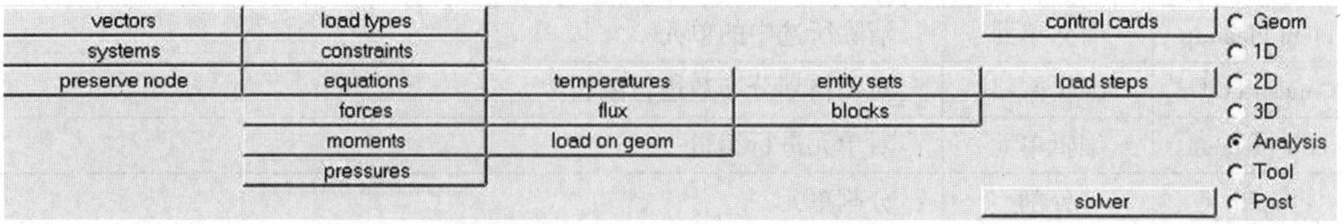

vectors	load types			control cards	○ Geom
systems	constraints				○ 1D
preserve node	equations	temperatures	entity sets	load steps	○ 2D
	forces	flux	blocks		○ 3D
	moments	load on geom			◉ Analysis
	pressures				○ Tool
				solver	○ Post

图 1-17　Analysis（求解工具菜单）

其相应常用功能见表 1-13。

表 1-13　Analysis（求解工具菜单）常用应用功能

选项	中文名称	执行功能
vectors	向量	创建或更新向量
systems	系统	创建或更新系统
preserve node	保存节点	对节点进行保存
load types	载荷类型	为新模型选择载荷器类型或更改在模板文件中已有的载荷类型
constrains	约束	创建或更改约束或节点上的强迫位移
equations	方程	创建、观看或更改方程
forces	力	创建或修改力
moments	力矩	创建或更改力矩
pressures	压力	创建或更改压力
temperatures	温度	创建或更改温度
flux	流量	创建或更新节点流量载荷
load on geom	模型载荷	创建或更新施加在模型上的载荷
entity sets	实体设置	创建一批节点或单元
blocks	块	创建或修改块实体
control cards	控制卡片	加载卡片控制面板
load steps	载荷步	创建或更新载荷集合器集合

6. Tool（工具菜单）

Tool（工具菜单）的主要功能是对模型及网格进行编辑，其功能面板如图 1-18 所示。

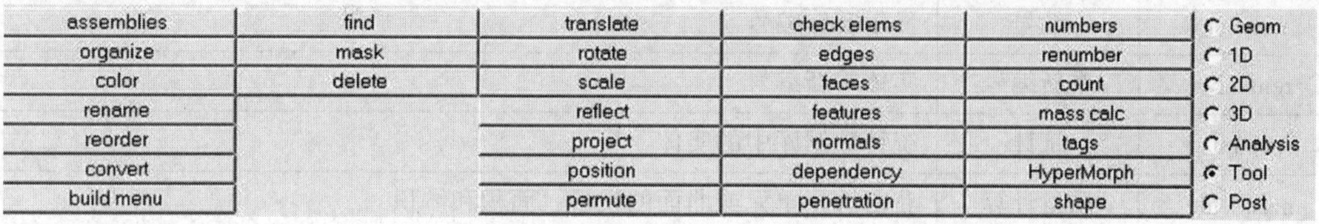

assemblies	find	translate	check elems	numbers	○ Geom
organize	mask	rotate	edges	renumber	○ 1D
color	delete	scale	faces	count	○ 2D
rename		reflect	features	mass calc	○ 3D
reorder		project	normals	tags	○ Analysis
convert		position	dependency	HyperMorph	● Tool
build menu		permute	penetration	shape	○ Post

图 1-18　Tool（工具菜单）

其相应的常用功能见表 1-14。

表 1-14　Tool（工具菜单）常用应用功能

选项	中文名称	执行功能
assemblies	装配	创建组件集合
organize	管理	在组件之间移动或复制实体
color	颜色	修改集合器的颜色特性
rename	重命名	改变集合器的名称
reorder	重新定义阶次	改变数据库中的已命名实体的阶次
convert	转换	在不同求解器之间转换数据

选项	中文名称	执行功能
build menu	创建菜单	重新定义 HyperMesh 菜单系统的风格
find	寻找	在数据库中查找实体编号
mask	隐藏	从显示的图形中隐藏实体
delete	删除	从数据库中删除数据
translate	移动	沿一个向量移动实体
rotate	旋转	关于一个向量旋转
scale	缩放	更改实体的尺寸
reflect	映射	关于一个平面映射
project	投影	投影实体到一个平面、向量或曲面
position	定位	通过选择节点定位实体
permute	序列改变	转换实体的 x, y, z 数据
check elems	检查单元	检查单元质量
edges	边	寻找自由边和边上的等效节点
faces	面	发现实体单元自由面和等效节点
features	特征	提供一个显示工具,以观看复杂模型的边
normals	法线方向	显示单元或曲面的法线方向
dependency	依属	寻找有多个自由度约束的节点
penetration	穿透	为初始穿透问题检查组设置
numbers	编号	显示实体编号
renumber	重新编号	实体重新编号
count	统计	统计数据库中的实体
mass calc	质量计算	获得选择单元或曲面的质量、面积和体积
tags	命名	为实体命名
shape	形状	形状面板允许用户进行形状优化

7. Post(结果后处理工具菜单)

Post(结果后处理工具菜单)的主要功能是对模型的有限元分析结果进行处理,如创建有限元分析云图、创建动画、绘制向量图等,其功能面板如图 1-19 所示。

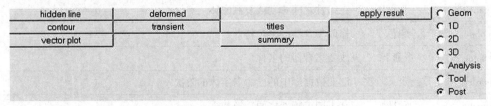

图 1-19　Post(结果后处理工具菜单)

其相应的常用功能见表 1-15。

表 1-15　Post（结果后处理工具菜单）常用应用功能

选项	中文名称	执行功能
hidden line	消隐	创建单元消隐和着色显示模型
contour	云图	创建结果云图
vector plot	绘制向量图	从向量结果中绘制向量图
deformed	变形	在位移结果基础上创建变形图
transient	瞬态结果	从瞬态分析结果中创建动画
titles	标题	创建和编辑屏幕标题
summary	总结	创建单元、载荷和特性的总结
apply result	施加结果	施加结果分析数据到模型中的实体上

1.4　文件操作与 CAD 对接

文件操作主要包括文件的打开、导入与保存，同时，本节还将介绍 HyperMesh 的 CAD 输入与输出接口。

1.4.1　文件打开与保存

本节将以实例操作的方式对 HyperMesh 文件操作进行详细介绍，主要内容包括：

（1）打开一个 HyperMesh 文件；

（2）导入一个文件到当前 HyperMesh 进程中；

（3）保存 HyperMesh 进程作为一个 HyperMesh 模型文件；

（4）导出所有的集合模型为 IGES 文件；

（5）导出所有的网格数据为 OptiStruct 的输入文件；

（6）删除当前进程的所有数据；

（7）导入一个 IGES 文件；

（8）导入一个 OptiStruct 文件到当前进程。

此 练 习 使 用 的 模 型 文 件 包 括 resilient wheel1. hm，resilient wheel2. hm，resilient wheel3. iges，resilient wheel4. fem，每个模型文件均为整个 resilient wheel 模型的一个部分。

步骤 1：打开 HyperMesh 模型文件 resilient wheel1. hm。

1）通过以下方法访问"Open File"对话框：

①从菜单栏（Menu Bar）中选择"File"→"Open"。

②从标准工具栏单击"Open"命令 📂。

2）打开模型文件 resilient wheel1. hm，如图 1-20 所示。

模型文件 resilient wheel1. hm 已经加载到程序中。这个文件包含网格和几何数据，如图

· 21 ·

1-20 所示。

步骤 2：导入 HyperMesh 模型文件 resilient wheel2. hm 到当前进程。

1）通过以下方法访问"Import"选项卡：

①从菜单栏（Menu Bar）中选择"File"，然后选择"Import"。

②从标准工具栏中单击"Import"（ ）。

2）在"tab"区域中的"Import"下单击"Import model"图标 。

3）在"File selection"下，单击文件图标 并浏览选择文件"resilient wheel2. hm"（图 1-21），单击"Import"，文件 resilient wheel2. hm 现在已经导入当前进程。

图 1-20　resilient wheel1. hm 模型文件　　　　**图 1-21　resilient wheel2. hm 模型文件**

步骤 3：导入 IGES 几何模型 resilient wheel3. iges 到当前进程。

1）在"tab"区域中的"Import"下单击"Import Geometry"图标 。

2）从"File type：field"下拉菜单中选择"Iges"。

3）单击文件图标 ，浏览并选择"resilient wheel3. iges"。

4）单击"Import"，文件添加到当前进程的文件中，如图 1-22 所示。

步骤 4：导入 OptiStruct 输入文件"resilient wheel4. fem"到当前进程。

1）在"tab"区域中的"Import"下单击"Import FE model"图标 。

2）从"File type：field"下拉菜单中选择"OptiStruct"。

3）在"type"区域中单击文件图标 ，浏览并选择"resilient wheel4. fem"（图 1-23）。

4）单击"Import"。

这个 OptiStruct 输入文件包含了 resilient wheel 模型的轮芯网格，网格添加到存在的进程数据中，并且和该部分的几何模型定位在相同的区域。

 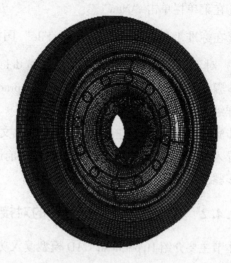

图 1-22　IGES 几何模型文件 resilient wheel3. iges　　**图 1-23　OptiStruct 输入文件 resilient wheel4. fem**

步骤 5：保存 HyperMesh 当前进程，命名为 practice. hm。

1）从菜单栏选择 "File" → "Save As"。

2）键入名称 "practice. hm"。

3）单击 "Save"，将加载到 "HyperMesh" 中的当前数据保存为 "HyperMesh" 的二进制数据。

步骤 6：导出模型的几何数据为 Iges，文件名为 practice. iges。

1）通过如下方式访问 "Export" 标签页：

①从菜单栏选择 "File" → "Export"。

②从标准工具栏单击 "Export" ↖。

2）在 "Export" 标签页单击 "Export Geometry" 图标 ▣。

3）设置 "File type：field" 为 "Iges"。

4）单击 "File" 区域的文件夹，浏览希望保存的路径，键入 "practice. iges"。

5）单击 "Save"。

6）单击 "Export"，导出文件。

步骤 7：导出模型的网格数据作为 OptiStruct 的输入文件，命名为 pra. fem。

1）在 "Export" 标签页单击 "Export FE model" 图标 ◆。

2）在 "File selection" 的下拉菜单中选择 "File type：OptiStruct 3"。在 "File selection" 下单击 "File" 区域的文件夹图标，浏览到目标文件夹，键入 "pra. fem"。

3）单击 "Save"，所有的有限元数据（节点、单元）都保存到 pra. fem 中。

4）单击 "Export"，导出文件。

步骤 8：删除当前进程中的所有数据。

1）通过如下方式访问删除函数：

①在菜单栏单击"New"。

②在标准工具栏单击"New. hm File"图标 📄 。

2）对于弹出的问题"Do you wish to delete the current model?（y/n）"，回答"Yes"。

步骤 9：导入新创建的 Iges 几何文件 practice. iges。

详细的指导参考步骤 3。

步骤 10：导入新创建的 OptiStruct 输入文件 pra. fem 到当前进程。

导入 practice. fem，数据将会添加到当前进程，详细的指导参考步骤 4。

步骤 11：保存。

1.4.2　HyperMesh 与 CAD 的对接

本节主要介绍 HyperMesh CAD 模型读入功能的标准及控制参数，其具体内容见表 1-16。

表 1-16　HyperMesh CAD 模型读入功能的标准及控制参数

CAD 格式	支持的最新 CAD 版本	平台			
		Windows		Linux	
		x86	x86_64	x86	x86_64
ACIS	r19	Y	Y	Y	Y
CATIA	v4 v5r20	Y	Y	Y	Y
DXF	AutoCAD 12	Y	Y	Y	Y
IGES	v6 JAM-IS	Y	Y	Y	Y
JT	9.4	Y	Y	Y	Y
Parasolid	v19	Y	Y	Y	Y
PDGS	v26	Y	Y	Y	Y
Pro E	Wildfire 5	Y	Y	Y	Y
SolidWorks	2010	Y	Y	Y	Y
STEP	AP203 AP214	Y	Y	Y	Y
Tribon	TXHSTL-R Tribon XML Export v1.3	Y	Y	Y	Y
UG	NX5 NX6 NX7	Y	Y	N	Y
VDAFS	v2	Y	Y	Y	Y

1.5　模型组织管理

HyperMesh 中大部分功能是通过面板菜单的形式实现的，很多面板具有相同的属性和控件，所以用户熟悉一个面板菜单的使用方法后，很容易掌握其他面板菜单的使用方法。本节主要通过实例来介绍创建一个几何模型并将其放入 component（组件）的方法，并进行一系列操作，具体介绍如下所示。

步骤 1：载入 resilient while 2D. hm 模型，如图 1-24 所示。

图 1-24　载入 resilient while 2D. hm 模型

步骤 2：创建一个 component（组件），命名为 geometry，用于储存模型的几何信息。

（1）通过以下任意一种方式打开 Component Collectors。

①通过菜单栏选择："Collectors" → "Creat" → "Component"。

②在 "Model Browser" 中单击右键，选择 "Creat" → "Component"。

（2）单击 "Name" 文本框，输入 "geometry"。

（3）单击 "Color" 下拉列表框，用户可以进行自定义组件内模型及网格的颜色。

（4）此时不需要设置 material（材料）和 property（属性），直接单击 "Creat" 按钮，创建名为 geometry 的 component collector。

步骤 3：创建两条几何线，将其移入不同的 component。

（1）选择 "Geometry" → "Creat" → "Lines" → "Standard Nodes"，进入 "Lines" 面板。

（2）使 "node list" 处于激活状态，在同一个单元的两个对角点处选择两个相对的点，如图 1-25 所示。

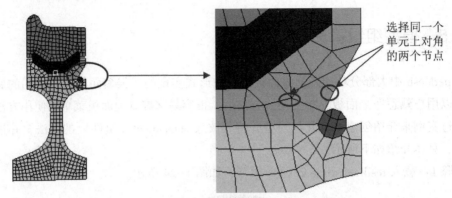

图 1-25　节点选择

（3）单击"creat"按钮，创建线。

（4）在"Model Browser"中单击"rigid component"按钮。

（5）单击鼠标右键，在弹出的菜单中选择"Mark Current"选项。

（6）使"node list"处于激活状态，在另一个单元上选择对角上的相对两个点。

（7）单击"creat"按钮，创建线。

（8）单击"return"按钮，退出该面板。

步骤 4：将模型中的所有几何面移入"geometry component"。

（1）选择"Geometry"→"Organize"→"Surfaces"命令，进入"organize"面板。

（2）进入"collectors"子面板。

（3）将"entity selector"切换为"surfs"。

（4）选择"surfs"→"all"命令。

当前显示的所有面呈白色高亮状态，表示已被选中，其他未显示的面也被选中，这是因为选择了"all"命令。

（5）单击"dest component"的下拉列表框，选择"geometry"选项。

（6）单击"move"按钮，将所有的面移入"geometry component"中。

步骤 5：将模型中所有的壳单元（四边形和三角形）移入"center component"。

（1）此时用户仍停留在"Organize"面板中。

（2）将对象选择器切换为"elems"。

（3）选择"elems"→"by collector"命令。

（4）此时显示一列模型的 component。

（5）右键单击一个 component 的名字，显示出颜色或者复选框。当复选框被选中时，即选中该 component，如果想要取消选择该 component，右击即可。

（6）单击"select"按钮，完成 component 的选择。

（7）设置"dest component"为"center"。

（8）单击"move"按钮，将选中的 component 移入 center 中。

（9）单击"return"按钮退出面板。

步骤 6：将"component center"命名为"shells"。

（1）在 "Model Browser" 中选择 "center component" 命令。

（2）单击右键，在弹出菜单中选择 "rename" 选项。

（3）在 "component name" 中输入 "shells"，按 Enter 键。

步骤 7：查找和删除所有空 component。

（1）按 F2 键，打开 "delete" 面板。

（2）将选择器切换为 "comps"。

（3）单击 "preview empty" 按钮。

（4）单击对象选择器，选择 "comps"，可以看到所查找到的空 component。

（5）单击 "return" 按钮，退出 "delete" 面板。

（6）单击 "delete entity" 按钮。

步骤 8：删除模型中所有的几何线。

（1）此时用户应该仍停留在 "delete" 面板。

（2）将对象选择器切换为 "lines"。

（3）选择 "lines" → "all" 命令。

（4）单击 "delete entity" 按钮。

（5）单击 "return" 按钮，退出面板。

步骤 9：在 "components" 列表中将 "geometry" 前移。

（1）通过菜单栏选择 "Collectors" → "Reorder" → "Components" 命令。

（2）单击 "comps" 选择器，查看模型的 "components" 列表。

（3）在面板的右边单击切换按钮，将 name 切换为 name（id）。

（4）选择 "component geometry" 选项。

（5）单击 "select" 按钮完成选择。

（6）激活选项 "move to：front"。

（7）单击 "reorder" 按钮，对 "component geometry" 应用重新排序功能。

（8）单击 "comps" 选择器，查看排序后的 components 列表。

（9）单击 "return" 按钮退出面板。

步骤 10：以 component 在列表中的位置为顺序对所有 components 重新编号。

（1）通过菜单栏选择 "Collectors" → "Renumber" → "Components"。

（2）进入 "single" 子面板。

（3）将对象选择器切换为 "comps"。

（4）单击 "comps" 选择器，查看模型的 components 列表。

（5）在面板的右边单击选择 "comps" → "all" 命令。

（6）单击 "select" 按钮完成 component 的选择。

（7）将 "start with" 设置为 1。

（8）将 "increment by" 设置为 1。

（9）将 "offset" 设置为 0。

（10）单击"renumber"按钮对选项中的 component 进行重新编号。

（11）单击"comps"选择器查看模型的 component 列表。

（12）单击"return"按钮退出面板。

步骤 11：创建一个 assembly，用于包含 component、shells 和 rigid。

（1）通过菜单栏选择"Collectors"→"Creat"→"Assemblies"命令。

（2）在"Name"文本框中输入"elements"。

（3）为"assembly"选择一种颜色。

（4）单击"creat"按钮。

（5）在模型树中选择"component""rigid"和"shells"。

（6）按住鼠标左键，将选中的 component 拖入"assembly elements"中。

步骤 12：创建一个载荷 collector，将其命名为"constraints"。

（1）通过以下任意一种方式进入"Load Collector"对话框。

①通过菜单栏选择"Collectors"→"Creat"→"Load Collectors"命令。

②在"Model Browser"中单击右键，在弹出的菜单中选择"Creat"→"Load Collectors"。

（2）在"Name"文本框中输入"constraints"。

（3）单击"Color"下拉列表对颜色进行选择。

（4）单击"creat"按钮创建载荷"collector"。

（5）在软件窗口除按钮的任意位置上单击鼠标左键，关闭状态栏的信息。此时"Model Browser"中的约束载荷 collector 为粗体，表示为当前激活的载荷 collector，所有新创建的载荷将会放入当前载荷 collector 中。

步骤 13：将模型中的一个约束移入 constraints 载荷 collector 中。

（1）当前进程中的 loads 载荷 collector 中包含了几个力和一个约束。使用 organize 面板将这个约束移到 constraints 载荷 collector 中。

（2）通过菜单栏选择"Collectors"→"Organize"→"Load Collectors"命令。

（3）进入"collectors"子面板。

（4）将对象选择器切换为"loads"。

（5）选择"loads"→"by config"命令。

（6）单击"config"下拉列表框，选择"const"。

（7）在面板中央，将"displayed"切换为"all"。

（8）单击"select entities"按钮。

（9）将"dest"设置为"constraints"。

（10）单击"move"按钮，将选中的约束移入 constraints 载荷 collector 中。

步骤 14：从"Model Browser"中创建一个 component。

（1）在"Model Browser"中的空白处单击右键。

（2）在弹出的菜单中选择"Creat"→"Component"命令。

（3）在"Name"文本框中输入"component1"。

（4）单击"Color"下拉列表进行颜色选择。

（5）单击"creat"按钮。

（6）在"Model Browser"中，单击"Components"前的"+"号将其展开，可以看到 Component1 为粗体，表明其为当前 component。

步骤 15：依次单击"Assembly Hierarchy"和"elemens"前的"+"号将其展开。其中包含了两个 component，即 rigid 和 shells。

注意："Assemblies"面板允许用户将一个 assembly 中的 component 添加到另一个 assembly 中，而在"Model Browser"中则没有这个功能，但是在"Model Browser"中允许用户创建 assembly。

步骤 16：通过"Model Browser"将 component、geometry 和 component1 添加到名为 assem _mid 的 assembly 中。

（1）单击选中"component geometry"。

（2）按 Ctrl 键，单击"component component1"。

（3）在任意一个所选择的 component 上按住鼠标左键，将其拖至"assembly assem_mid"中，当"assem_mid"为高亮显示时，松开鼠标左键。

（4）此时所选中的"component"被添加到"assem_mid"中。

（5）按 Shift 键和鼠标左键可在"Model Browser"中一次性选择多个对象。在列表中单击要选择的第一项，然后按 Shift 键，同时单击列表中所要选择的最后一项即可。

步骤 17：在"Model Browser"中将"assem_mid"重命名为"assem_geom"。

（1）右击"assem_mid"，在弹出的菜单中选择"Rename"选项。此时"assem_mid"为高亮显示并处于可编辑状态。

（2）输入"assem_geom"，按 Enter 键。

步骤 18：在"Model Browse"中删除"component1"。

（1）右击"component1"，在弹出菜单中选择"delete"选项。

（2）在"delete confirm"对话框中单击"yes"按钮，以确定想要删除该 component。

步骤 19：设置当前 component。

右击"shells"，在弹出的菜单中选择"Make Current"，此时该 component 的名字变为粗体显示。

1.6　模型显示控制

在进行有限元建模和分析的过程中，从不同的视角观察模型并控制对象的可见性非常重要。有些较为复杂的模型需要一系列的操作对模型进行观察，比如旋转、局部放大和平移等，还有部分模型需要进行着色，以对比观察。本节主要介绍如何使用鼠标和工具栏控制模型视角。主要操作如下。

（1）将鼠标指针移动到图形区域。

（2）按住 Ctrl 键和鼠标左键，移动鼠标指针。模型随着鼠标的移动进行旋转，图形区的中央出现了一个白色小方块，用于标明旋转中心。松开鼠标左键，再次按住鼠标左键向另一个方向旋转。

（3）按住 Ctrl 键，在模型上的任意地方单击鼠标左键，用于标明旋转中心的小方块将会出现在鼠标单击处。

（4）按住 Ctrl 键和鼠标左键旋转模型，观察旋转方式的变化。

（5）按住 Ctrl 键，在图形区域除模型外的任意地方单击鼠标左键，选中中心重新定位于屏幕中心。

（6）按住 Ctrl 键和鼠标左键旋转模型，观察旋转方式的变化。

（7）按住 Ctrl 键和鼠标中键，来回移动鼠标指针，然后放开鼠标中键，程序将在鼠标指针移动轨迹上画出一条白色曲线，当松开鼠标中键时，被白色曲线画出的部分将会在模型中放大。

（8）按住 Ctrl 键，单击鼠标中键，模型以最佳比例显示在图形区域中。

（9）按住 Ctrl 键，滚动鼠标滚轮，将会对模型进行缩放，模型的缩放取决于鼠标滚轮的滚动方向。

（10）将鼠标指针移动至图形区的另一区域，重复第（9）步，此时模型的缩放动作将以鼠标指针所在处为基点。

（11）按住 Ctrl 键，单击鼠标中键使模型以最佳比例显示在窗口中。

（12）按住 Ctrl 键和鼠标右键，移动鼠标指针，模型跟随鼠标指针的移动而移动。

1.7 HyperMesh 的快捷键

HyperMesh 可以通过一些特定的按键对模型进行操作，有效地提高效率，主要快捷键介绍见表 1-17。

表 1-17 HyperMesh 常用快捷键

热键	执行功能	热键	执行功能
F1	Hidden Line（隐藏线）	Shift+F1	颜色选择
F2	Delete（删除）（删除任何对象都用此命令）	Shift+F2	点操作，增加、删除、清理节点
F3	合并两个节点	Shift+F3	查找自由边
F4	测量距离、角度等	Shift+F4	单元量级操作，修改单元大小
F5	Mask（隐藏）	Shift+F5	查找单元
F6	Element Edit（单元编辑）（创建、合并、分割单元等）	Shift+F6	分裂
F7	Align Node（节点共线排列）	Shift+F7	项目
F8	Create Node（创建节点）	Shift+F8	节点编辑
F9	Line Edit（线编辑）（非边界编辑）	Shift+F9	面编辑

热键	执行功能	热键	执行功能
F10	Check Elem（单元质量检查）	Shift+F10	法线
F11	节点、线、面操作组件	Shift+F11	移动单元或组件
F12	Automesh（自动网格划分）	Shift+F12	平滑单元
b	返回以前操作的视图中	t	设定视角显示
z	缩放视图	a	弧形旋转
p	刷新显示	m	关闭菜单项，只显示图形（一旦菜单项被关闭，按 m 键将又返回菜单项）
w	窗口局部显示	s	当鼠标上下移动时，动态缩放视图
f	充满窗口	+	逐步缩放视图
r	旋转	←↓→↑	逐步旋转视图
c	设定视图中心		

第 2 章

几何清理

███\ 本章内容 ----

模型的几何清理是获得高质量网格的关键步骤。模型简单时，可以使用 HyperMesh 的曲面和实体生成功能直接创建；模型复杂时，从 CAD 软件导入模型，但导入后会出现模型缺陷，如曲面不连续、缺失面、重复面等。通过 HyperMesh 可对模型进行几何清理，得到适合分析的 CAE 模型。本章主要介绍 HyperMesh 的几何清理功能，通过实例展示具体操作步骤。

███\ 学习目的 ----

熟练应用 HyperMesh 完成模型的几何清理，以便完成网格划分和有限元分析。

HyperMesh 一般多从 Pro/E、UG 等的三维 CAD 软件导入几何模型。在导入 CAD 模型进行有限元分析时，要考虑有限元分析对几何模型的要求与 CAD 的不同。CAD 模型需要精准的几何表达，通常会包含某些细微的特征，如倒圆角、小孔；而进行有限元分析时，如果要精确模拟这些特征，需要用到很多小单元，导致求解时间变长，分析精度下降。因此，需要对模型部件的一些细节信息进行简化，以便进行网格划分和分析。这就是 HyperMesh 的几何清理。

2.1 节点和曲线

1. 节点（node）

节点是最基本的有限元对象，它代表结构的空间位置并用于定义单元的位置和形状，同时，也用于辅助创建几何对象。节点可能包含指向其他几何对象的指针并能与其直接关联。

根据网格模型的显示模式，节点显示为一个圆或球，软件默认情况下颜色显示为黄色。

2. 自由点（free points）

自由点是一种在空间中不与任何曲面相关联的零维几何对象。使用 "x" 来表示，其颜色取决于所属组件集合，这种类型的点通常用于定义焊接点的位置和连接器。

3. 线（lines）

线指空间中不与任何曲面或实体相关联的曲线，它是一维集合对象，其颜色取决于所属的组件集合。线可由一种或多种线型构成，每一种线型构成线的一部分。HyperMesh 主要通过以下方式创建线对象：

（1）straight，直线。

（2）elliptical，椭圆线。

（3）NURBS，非均匀有理样条曲线。

4. 面（faces）

面是由单一非均匀有理样条曲线（NURBS）构成的最小区域对象，它有不同的数学定义，在创建时需特别指定。HypeMesh 通过以下方式创建面对象：

（1）plane，平面。

（2）cylinder/cone，圆柱、圆锥。

（3）sphere，球。

（4）torus，圆环面。

（5）NURBS，非均匀有理样条曲线。

2.2　曲面及体的拓扑关系

1. 曲面（Surfaces）

曲面由一个或多个面组成，每个面包含一个数学意义上的曲面和分割曲面的边界。曲面边界的连续性反映了几何的拓扑关系。

曲面的周长是通过边界定义的，HyperMesh 中主要有以下 4 种曲面边界：

（1）Free Edges，自由边。

（2）Shared Edges，共享边。

（3）Suppressed Edges，压缩边。

（4）Non-manifold Edges，T 形边。

曲面边界与线不同，所以，对于不同的应用场合，需要进行不同的操作，曲面边界的连续性反映了几何的拓扑关系。

2. 硬点（Fixed Points）

硬点指与曲面关联的零维几何对象，其颜色取决于所关联曲面的颜色，使用 "o" 表示。划分网格时，automesher 会在待划分曲面的每个硬点创建节点。位于三个或更多个非压缩边的连接处的硬点为顶点，这类硬点不能去除。

3. 自由边（Free Edges）

自由边指被一个曲面占用的边界，默认情况下显示为红色。在仅有曲面构成的模型中，自由边将出现在模型的外缘及孔内壁位置，相邻曲面间的自由边表示这两个曲面之间存在间隙。

4. 共享边（Shared Edges）

相邻曲面共同拥有的边界，默认情况下显示为绿色。划分网格时，automesher 将沿着共享边放置节点并创建连续的网格，不会创建跨越共享边的独立单元。

5. 压缩边（Suppressed Edges）

压缩边指由两个曲面共同拥有的边界，但此边将被 automesher 忽略，默认情况下压缩边显示为蓝色。划分网格时，automesher 不会在压缩边放置节点，因此单元可以跨过边界。

6. T 形边（Non-manifold Edges）

T 形边指 3 个或 3 个以上的曲面共同拥有的边界，默认情况下呈现黄色。在 T 形边连接处，automesher 不会创建跨边界的单元。T 形边不能进行压缩操作。

7. 实体（Solids）

实体是指构成任意形状的闭合曲面，它是三维对象。可以进行自动四面体划分和实体网格划分，其颜色取决于所属组件集合。构成实体的曲面可以归属于不同的组件集合，实体及相关联的曲面显示是由实体所属的集合控制的。

8. 边界面（Bounding Faces）

单一实体外边界的面。默认情况下显示为绿色。边界面独立存在，并不与其他实体所共有。一个独立的实体通常由多个边界面组成。

9. 不完全分割面（Fine Faces）

面上所有边界均处于同一个实体内，或者说是独立实体中悬着面。默认情况下呈现红色。不完全分割面可通过手动合并实体创建或使用内部悬着面创建实体的过程中创建。

10. 完全分割面（Full Partition Faces）

由一个或更多实体共享构成的边界面，默认情况呈现黄色。切割实体或使用布尔运算合并多个实体时，在共享位置或交叉位置会产生完全分割面。

2.3 几何创建及编辑功能

本节主要介绍几何工具的三大模块，分别是几何创建（Creating Geometry）、几何编辑（Editing Geometry）和几何查询（Querying Geometry）的相应按钮及功能。

2.3.1 几何创建（Creating Geometry）

HyperMesh 有限元前处理平台向用户提供了丰富的几何创建功能，各类几何创建功能的应用场合基于待创建几何的特征及对模型细节的具体要求。下面主要介绍 HyperMesh 所有几何创建对应的按钮及相应的功能，见表 2-1 ~ 表 2-6。

表 2-1 节点 (Nodes) 的按钮及功能

按钮	执行功能
xyz	通过指定坐标值 (x, y, z) 创建节点
on geometry	在选择的点、线、曲面和平面等几何对象上创建节点
arc center	在能够描述输入节点、点或线集的最佳圆弧曲率中心处创建节点
extract parametric	在线和曲面的参数位置创建节点
extract on line	在所选线段上创建均布节点或偏置节点
interpolate nodes	在空间中已存在的节点处通过插值的方式创建均布节点或偏置节点
interpolate on line	在线段上已存在的节点处通过插值的方式创建均布节点或偏置节点
interpolate on surface	在曲面上已存在的节点处通过插值的方式创建均布节点或偏置节点
intersect	在几何对象的交叉位置创建节点
temp nodes	通过复制已存在的节点,在几何单元上创建节点
circle center	在由 3 个节点精确定义的圆的圆心处创建节点
duplicate	复制已有节点创建新节点,在任何节点输入框下,在高级选择对话框中的 "duplicate" 输入面板中均可实现
on screen	预选已有几何单元,在任何具有 "node" 或者 "node list" 的输入面板中均可实现

表 2-2 自由点 (Free Points) 的按钮及功能

按钮	执行功能
xyz	通过指定坐标值 (x, y, z) 创建自由点
arc center	在能够描述输入节点、点或线集的最佳圆弧曲率中心处创建自由点
extract parametric	在线和曲面的参数位置创建自由点
intersect	在几何对象的交叉位置创建自由点
suppress fixed points	通过压缩硬点的方式在原始硬点位置生成自由点
circle center	在由 3 个自由点或硬点精确定义的圆的圆心处创建自由点
duplicate	复制已有自由点或硬点创建新的自由点

表 2-3 硬点 (Fixed Points) 的按钮及功能

按钮	执行功能
by cursor	在曲面或曲面的光标位置创建硬点
on edge	在曲面边界处创建硬点
on surface	在曲面或靠近曲面已有节点或自由点的位置创建硬点
project	通过投影已有自由点或硬点到曲面边界创建硬点
defeature pinholes	简化小孔特征时,硬点会在待去除小孔特征的圆心位置出现

表 2-4　曲线（Lines）的按钮及功能

按钮	执行功能
xyz	通过指定坐标（x, y, z）的方式创建线
liner nodes	在两节点之间创建直线
standard nodes	在节点之间创建标准线
smooth nodes	在节点之间创建光滑曲线
controlled nodes	在节点之间创建控制线
drag along vector	沿指定向量拉伸节点一定的距离形成线
arc center and radius	通过指定圆心和半径创建圆弧
arc nodes and vector	通过两个节点和向量创建圆弧
arc three nodes	通过指定圆弧上的 3 个节点创建圆弧
circle center and radius	通过指定圆心和半径创建圆
circle nodes and vector	通过两个节点和向量创建圆
circle three nodes	指定圆弧上的 3 个节点创建圆
conic	通过指定起点、终点及切线位置创建圆锥线
extract edges	复制曲面边界创建线
extract parametric	在曲面参数化位置创建线
intersect	在几何对象的交叉位置创建线
manifold	通过节点集在曲面上创建连续线或光滑线
offset	通过偏移曲线相同距离或变化距离创建曲线
midline	在已有曲线上通过插值的方式创建曲线
fillet	在两条自由曲线处创建倒圆线
tangent	在一条曲线和一个节点之间或两条曲线之间创建切线
normal to geometry	从节点或点位置创建曲线、曲面和实体的垂线
normal from geometry	从节点到点位置创建曲线、曲面和实体的垂线
normal 2D on plane	在一个平面上指定节点或点位置创建垂直于目标曲线的垂线
features	从单元特征处创建曲线
duplicate	复制已有曲线创建新曲线

表 2-5　曲面（Surfaces）的按钮及功能

按钮	执行功能
square	创建二维方形曲面
cylinder full	创建三维完全圆柱曲面
cylinder partial	创建三维部分圆柱曲面

按钮	执行功能
cone full	创建三维完全圆锥曲面
cone partial	创建三维部分圆锥曲面
sphere center and radius	通过指定圆心和半径创建三维球面
sphere four nodes	通过指定的 4 个节点创建三维球面
sphere partial	创建三维部分球面
torus center and radius	通过指定圆心、法线方向、最小半径和最大半径创建三维圆环面
torus three noodes	通过指定的 3 个节点创建三维圆环面
torus partial	创建部分三维圆环面
spin	沿某个轴线旋转曲线或节点集创建曲面
drag along vector	沿某一向量拉伸曲线或节点集创建曲面
drag along line	沿某条曲线拉伸曲线或节点集创建曲面
drag along normal	沿曲线法线方向拉伸曲线创建曲面
ruled	在曲线或节点集之间以插值的方式创建曲面
spline/filler	通过填补间隙的方式创建曲面，如填补已有曲面的孔特征
skin	通过指定一组曲线创建曲面
fillet	在曲面边界处创建等半径倒圆面
from FE	创建贴合壳单元的曲面
meshlines	创建关联壳单元的曲线，以便高级选择或曲面创建
auto midsurfaces	从多个曲面或实体特征中自动创建中面
surface pair	从一对曲面中创建中面
duplicate	复制已有曲面创建新曲面

表 2-6　实体（Solids）的按钮及功能

按钮	执行功能
block	创建三维块状实体
cylinder full	创建三维完全圆柱实体
cylinder partial	创建三维部分圆柱实体
cone full	创建三维完全圆锥实体
cone partial	创建三维部分圆锥实体
sphere center and radius	通过指定中心和半径的方式创建三维球体
sphere four nodes−Creat three	通过指定的 4 个节点创建三维球体
torus center and radius	通过指定中心、法线方向、最小半径和最大半径创建三维圆环体

按钮	执行功能
torus three nodes	通过指定的 3 个节点创建三维圆环体
torus partial	创建三维部分圆环体
bounding surfaces	通过封闭曲面创建实体
spin	沿某轴线旋转曲面创建实体
drag along vector	沿某一向量拉伸曲面创建实体
drag along line	沿某曲线拉伸曲面创建实体
drag along normal	沿曲面法线方向拉伸曲面创建实体
ruled linear	通过曲面间线性插值创建实体
ruled smooth	通过曲面间高阶插值创建实体
duplicate	复制已有实体创建新实体

2.3.2 几何编辑（Editing Geometry）

HyperMesh 中可以通过多种方式编辑几何模型，对特定的几何模型进行编辑的方法取决于几何对象的可输入性和模型的细节程度，下面主要介绍其中可实现的几何编辑的方法，见表 2-7 ~ 表 2-12。

表 2-7 节点（Nodes）的按钮及功能

按钮	执行功能
clear	删除临时节点
associate	通过移动节点到硬点、曲面边界和曲面位置的方式将节点与这些特征相关联
move	沿曲面移动节点
place	将节点放置在曲面中的指定位置
remap	通过从曲线或曲面映射节点到另一曲线或曲面的方式移动节点
align	按照虚拟曲线排列节点
find	通过查找关联某一有限元对象上的节点的方式创建临时节点
translate	沿某一向量移动节点
rotate	沿某一轴线旋转节点
scale	按照统一比例或不同比例缩放节点位置
reflect	以某一平面为中面创建对称节点
project	投影节点到平面、向量、曲线/曲面边界或曲面上
position	平移或旋转节点到一个新的位置
permute	转换节点所属坐标系
renumber	对节点重新编码

表 2-8　自由点（Free Points）的按钮及功能

按钮	执行功能
delete	删除自由点
translate	沿某一向量移动自由点
rotate	沿某一轴线旋转自由点
scale	按照统一比例或不同比例缩放自由点位置
reflect	以某平面为中面创建对称自由点
project	投影节点到平面、向量、曲线/曲面边界或曲面上
position	平移或旋转自由点到一个新的位置
permute	转换自由点所属坐标系
renumber	对自由点重新编码

表 2-9　硬点（Fixed Points）的按钮及功能

按钮	执行功能
supress/remove	压缩不构成顶点的硬点
replace	组合距离较近的节点，将其移动到一个硬点处
release	释放硬点，与此点相关联的共享边界变为自由边界
renumber	对硬点重新编码

表 2-10　曲线（Lines）的按钮及功能

按钮	执行功能
delete	删除曲线
combine	组合两条曲线成一条
split at point	在指定处分割曲线
split at joint	在指定曲线端点处分割曲线
split at line	使用曲线分割曲线
split at plane	在平面交叉位置分割曲线
smooth	光顺曲线
extend	通过延伸指定距离，延伸到已有节点、点、曲线/曲面边界或曲面的方式延伸曲线
translate	沿某向量平移曲线
rotate	以某向量为轴线旋转曲线
scale	按照统一比例或不同比例缩放曲线尺度
reflect	以某平面为中面创建对称曲线
project	投影曲线到平面、向量或曲面上

按钮	执行功能
position	平移或旋转曲线到一个新的位置
permute	转换曲线所属坐标系
renumber	对曲线重新编码

表 2-11　曲面（Surfaces）的按钮及功能

按钮	执行功能
delete	删除曲面
trim	使用节点、曲线、曲面或平面切割曲面
untrim/unsplit	清除曲面上若干条分割线
offset	在保持模型拓扑连续性的基础上沿曲面法线方向偏移曲面
extend	延伸曲面边界直至其他曲面交叉处
shrink	收缩所有曲面边界
defeature	去除小孔、曲面倒圆、曲线倒圆及重复曲面
midsurfaces	修改并编辑已抽取的中面
surface edges	合并、压缩、缝合曲面边界
washer	使用闭合自由边界或共享边的偏移特征切割曲面
autocleanup	进行几何自动清理操作，为划分网格做准备
dimensioning	修改曲面间的距离
morphing	与曲面相关联的节点位置也随曲面变形而发生改变
translate	沿某一向量移动曲面
rotate	以某一向量为轴线旋转曲面
scale	按照统一比例或不同比例缩放曲面尺度
reflect	以某平面为中面创建对称曲面
position	平移或旋转曲面到一个新的位置
permute	转换曲面所属坐标系
renumber	对曲面重新编码

表 2-12　实体（Solids）的按钮及功能

按钮	执行功能
delete	删除实体
trim	使用节点、曲线、曲面或平面切割实体
merge	合并两个或多个实体成一个实体
detach	分离连接的实体

按钮	执行功能
boolean	对实体执行复杂的合并或切割操作
dimensioning	修改曲面间的距离
translate	沿某一向量移动实体
rotate	以某一向量为轴线旋转实体
scale	按照统一比例或不同比例缩放实体尺度
reflect	以某平面为中面创建对称实体
position	平移或旋转实体到一个新的位置
permute	转换实体所属体系
renumber	对实体进行重新编码

2.3.3　几何查询（Querying Geometry）

下面主要介绍 HyperMesh 中可以实现的几何查询方法，见表 2-13 ~ 表 2-18。

表 2-13　节点（Nodes）的按钮及功能

按钮	执行功能
card editor	根据载入的不同模板，卡片编辑器可以用来查看节点信息
distance	查询节点间距离
angle	查询 3 个节点间角度
organize	移动节点到不同集合
numbers	显示节点编号
count	统计全部或显示的节点数量

表 2-14　自由点（Free Points）的按钮及功能

按钮	执行功能
distance	查询自由点间距离
angle	查询 3 个自由点间角度
organize	移动自由点到不同集合
numbers	显示自由点编号
count	统计全部或显示的自由点数量

表 2-15　硬点（Fixed Points）的按钮及功能

按钮	执行功能
distance	查询硬点间距离
angle	查询 3 个硬点间角度

按钮	执行功能
numbers	显示硬点编号
count	统计全部或显示的硬点数量

表 2-16 曲线（Lines）的按钮及功能

按钮	执行功能
length	查询选择曲线/曲面边界长度
organize	移动曲线到不同集合
numbers	显示曲线编号
count	统计全部或显示的曲线数量

表 2-17 曲面（Surfaces）的按钮及功能

按钮	执行功能
normal	查看曲面法线
organize	移动曲面到不同集合
numbers	显示曲面编号
count	统计全部或显示的曲面数量
area	查询选择曲面的面积

表 2-18 实体（Solids）的按钮及功能

按钮	执行功能
normal	查看实体曲面法线
organize	移动实体到不同集合
numbers	显示实体编号
count	统计全部或显示的实体数量
area	查询选择实体曲面的面积
volume	查询选择实体的体积

2.4 模型导入和几何清理

HyperMesh 功能丰富，可以实现从三维模型创建、编辑及进行已有模型的几何清理等多种操作，本节主要通过电梯导轨减振装置的实例进行几何清理的介绍。图 2-1 所示为某小区电梯导轨减振支座几何模型。

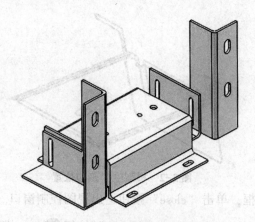

图 2-1　电梯导轨减振支座

图 2-1 中的模型为薄板零件，选用壳单元进行有限元分析，其主要网格划分流程如下：

1）打开模型文件；

2）查看模型；

3）修复几何体不完整要素；

4）抽取中面；

5）简化几何模型；

6）改进拓扑结构；

7）划分网格；

8）导入修复几何模型。

步骤 1：打开模型文件。

（1）启动软件。

（2）单击"File"→"Open"，在对话框中选择"jianzhenzhizuo. hm"。

（3）单击"Open"按钮，模型导入当前进程中，取代进程中已有数据。

步骤 2：以拓扑方式观察模型并通过渲染检查模型的完整性。

（1）观察模型是否含有错误的连接关系及缺失面或重复面。

（2）进入"autocleanup"面板，此时模型边沿依据其拓扑状态进行渲染。

（3）单击"Wireframe Geometry"按钮 ，模型以线框形式显示。

（4）单击"视图工具"按钮 ，视图工具控制模型表面和边沿的显示方式。

（5）勾选"Free"复选框，此时只有自由边显示在窗口中。

（6）观察自由边（红色线）并记住它们的位置，红色线表示此位置具有不正确的连接关系或者存在间隙，并且闭环的自由边会构成缺失面。闭环的自由边构成缺失面。

（7）勾选"Non-manifold"复选框，观察 T 形边（黄色线）的位置，黄色线表明这些位置中可能含有重复的面，记住黄色线的位置，以便后期处理，如图 2-2 所示。

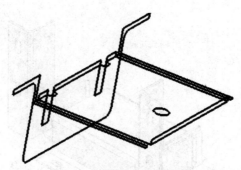

图 2-2 模型中 T 形边位置

（8）勾选所有复选框，单击"close"按钮退出视图控制窗口。

（9）单击"shaded geometry and surface edges"按钮，模型以渲染模式显示。

步骤 3：删除圆角处突出的面。

（1）按 F2 键，进入"Delete"面板。

（2）在图形区域选择圆角处凸出的面，单击"delete entity"。

（3）单击"return"按钮返回。

步骤 4：创建面填补模型中较大的间隙。

（1）选择"Geometry-Create-Surfaces-Spline/Filler"。

（2）取消选择"Keep tangency"复选框。

注意：使用"Keep tangency"可以保证新创建的面与相邻面平滑过渡。

（3）将"entity type"设置为"lines"。

（4）勾选"auto create"复选框。

（5）选择一个缺口处的一条边线，HyperMesh 将自动创建面填充这个缺口。

（6）重复前面步骤，为另一个缺口创建填充面。

（7）单击"return"按钮返回。

步骤 5：设置全局的几何清理容差为 0.01。

（1）按 o 键进入"options"面板，选择"geometry"子面板。

（2）在"cleanup tol"文本框中输入 0.01，缝合间隙小于 0.01 的自由边。

（3）单击"return"按钮返回。

步骤 6：使用 equivalence 工具逐个缝合多个自由边。

（1）在主面板中选择"Geom"→"Edge edit"。

（2）进入"equivalence"子面板。

（3）勾选"equiv free only"复选框。

（4）选择"surfs"→"all"命令。

（5）将"cleanup"设置为 0.01。

（6）单击"equivalence"按钮，模型中容差范围内的自由边被缝合。

步骤 7：使用"toggle"工具逐个缝合自由边。

（1）在"Edge edit"主面板中选择"toggle"子面板。

（2）将"cleanup tol"设置为 0.1。

（3）在图形区单击任一条红色自由边，它将由红变绿，表示已被缝合为共享边。

（4）继续缝合其他自由边。

步骤 8：使用"replace"工具修复余下的自由边。

（1）进入"replace"子面板。

（2）激活"moved edge"，选择图形区左边的自由边。此时"retained edge"被激活，选择右边的自由边。

（3）将"cleanup tol"设置为 0.1。

（4）单击"replace"按钮。当右侧自由边被选中时，弹出信息询问对话框。

（5）单击"yes"按钮，执行缝合操作。

步骤 9：寻找并删除所有重合面。

（1）选择"Geom"→"Defeature"，进入"duplicate"子面板。

（2）选择"surfaces"→"displayed"。

（3）将"cleanup tol"设置为 0.01。

（4）单击"find"按钮，状态栏显示两个面被重合，单击"delete"按钮删除所有重合面。

步骤 10：重新观察模型，确定模型中所有的自由边、缺失边和重合面均已被修复。

（1）使用拓扑显示模式并渲染模型。

（2）单击"return"按钮返回主面板。

步骤 11：创建模型中面。

（1）在主面板选择"Geom"→"Midsurface"面板。

（2）进入"auto midsurface"子面板。

（3）激活"closed solid"，此时黄色的"surfs"选择框呈高亮状态。

（4）选择图形中任意一个面，HyperMesh 将自动搜索闭合曲面。

（5）单击"extract"，模型抽取中面。

（6）模型中面创建后，会存于一个名为"Middle Surface"的组件中。

步骤 12：观察模型中面。

（1）在模型浏览窗口隐藏名为 lvl10 的组件的几何模型，图形区只显示 Middle Surface 组件。

（2）在模型浏览窗口打开组件 lvl10 的几何模型。

（3）在"视图"工具栏选择"transparency"面板。

（4）在"comps"选择框激活的状态下，在图形区选择组件 lvl10 的一条线或一个面，此时整个组件 lvl10 被选中。

（5）在"transparency"面板中移动滑块，组件 lvl10 的透明度将发生变化。

（6）在模型浏览窗口关闭组件 lvl10 的几何模型。

2.5 创建和编辑实体

步骤 1：打开模型文件 solid_geom. hm。

步骤 2：使用闭合曲面（bounding surfaces）功能创建实体。

（1）在主面板选择"Geom"页面，进入"solids"面板。

（2）单击进入"bounding surfs"子面板。

（3）勾选"auto select solid surface"复选框。

（4）在图形区域任选一个面，此时模型所有面都被选中。

（5）单击"create"创建实体，如图 2-3 所示。状态栏显示已经创建一个实体。

（6）单击"return"按钮返回。

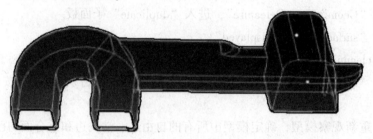

图 2-3 创建实体

步骤 3：使用边界线（bounding lines）分割实体。

（1）进入"solid edit"面板，选择"trim with lines"子面板。

（2）在"with bounding lines"栏下激活"solids"选择器，单击模型任意位置，此时整个模型将被选中。

（3）激活"lines"选择器，在图形区选择图 2-4 所示的边界线。

（4）单击"trim"产生一个分型面，模型被分割成两个部分。

步骤 4：使用切割线（cut line）分割实体。

（1）在"with cut line"栏下激活"solids"选择器，选择图 2-5 所示实体。

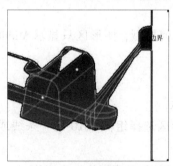

图 2-4 所选边界

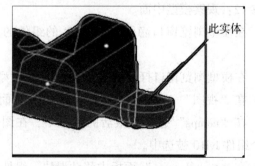

图 2-5 所选实体

（2）选择"drag a cut line"选项，在图形区选择两点，将四面体分为大致相等的两部分，单击鼠标中键，分割实体。

（3）选择分割后实体的下半部分，执行"with cut line"命令，如图 2-6 所示。

图 2-6　分割后实体

步骤 5：合并实体。

（1）进入"merge"面板。

（2）激活"to be merged"→"solids"选择器，选择图 2-7 所示的实体。

（3）单击"merge"按钮合并实体，合并结果如图 2-8 所示。

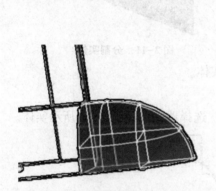
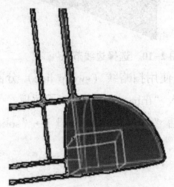

图 2-7　激活实体　　　　　　　　　　　图 2-8　合并实体

步骤 6：使用自定义平面（user-defined plane）分割实体。

（1）单击"trim with plane/surf"子面板。

（2）激活"with plane"→"solids"选择器，选择图 2-9 中较大的实体。

（3）将平面选择器节点设置为 N_1、N_2、N_3。

（4）激活 N_1，按住鼠标左键不放，移动鼠标到图 2-9 中两条边线靠上的一条时，此边高亮显示。

（5）在所选边线中点处单击，一个绿色的临时节点出现在中点处，此时平面选择器节点 N_2 被激活。

（6）用同样方法激活靠下的边线，然后在边线上选择两个节点，如图 2-10 所示。

（7）单击"trim"分割实体，如图 2-11 所示。

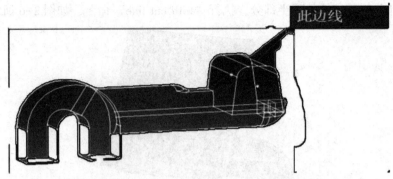

图 2-9　分割实体

图 2-10　选择边线节点

图 2-11　分割实体

步骤 7：使用扫略线（sweep line）分割实体。

（1）进入"trim with lines"子面板。

（2）激活"with sweep lines"→"solids"选择器，选择图 2-12 所示实体。

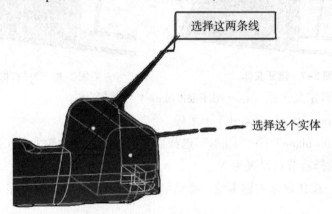

图 2-12　使用扫略线分割实体

（3）激活"line list"选择器，选择步骤 6 中定义 N_1、N_2 和 N_3 点所用到的边线。

（4）在"sweep to"下将平面选择器设置为"x-axis"。

（5）在"plane"选择器下设置为"sweep all"。

（6）单击"trim"分割实体。

步骤 8：使用主平面分割实体。

（1）进入"trim with plane/surf"子面板。

（2）激活"with plane"→"solids"选择器，选择图 2-13 所示实体。

（3）将"平面"选择器从 N_1、N_2 和 N_3 转为 z-axis。

（4）按住鼠标左键并在边上任意位置单击，一个紫色临时节点出现在边上，它表示基点。

（5）单击"trim"按钮分割实体，如图 2-14 所示。

（6）单击"return"按钮返回主面板。

图 2-13　选择实体和边线

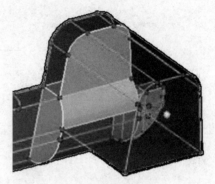

图 2-14　分割结果

第 3 章

一维（1D）单元操作

本章内容

本章将向用户介绍各类常用的一维（1D）单元类型及其组合方式，以及在 HyperMesh 中如何创建并通过连接浏览器（Connector Browser）对此类连接进行管理。HyperMesh 强大的 1D 单元及其组合方式的创建、编辑和管理功能，为用户进行连接管理提供了一套强有力的解决方案。

学习目的

理解常用 1D 单元特点；

掌握常用 1D 单元的创建方法；

掌握常用 1D 单元网格划分方法；

借助有限元原理等理论加深对不同单元的理解。

在有限元分析中，1D 单元是非常重要的概念。通过使用 1D 单元连接节点，或将不匹配的网格部件进行连接、施加载荷，以及用于建立焊接、螺栓、铆钉等各类工程中经常运用的模型连接方式。

在 HyperMesh 中创建 1D 单元非常简单，但 1D 单元却是比较复杂的一组单元。一方面是由于其类型较多，包括梁单元、杆单元、刚性单元、弹簧单元等；另一方面是由于其属性复杂，不同类型的单元体现了不同力学特性，用户需要根据自己的模拟的需要来进行选择。对于梁等柔性单元的属性，需要定义截面参数，使用 HyperBeam 可以方便地创建标准的和不规则的截面，并自动计算截面参数，这类单元可以用来模拟一个方向远大于另外两个方向的构件，比如螺栓的螺杆。刚性单元是一种多节点自由度耦合的关系，可以用来模拟刚度非常大的构件，比如螺栓的螺母和螺栓头。那么梁单元和刚性单元就可以组合成一种简化螺栓的连接方式，使用 HyperMesh 的 Connector 工具便可以快速地创建这组单元来模拟螺栓。除了定义螺栓连接，还可以方便地定义点焊、焊缝和粘接的连接方式，装配效率非常高。

3.1 基本单元的创建

在有限元分析领域，1D 单元是一个非常重要的概念。典型的 1D 单元包括杆单元、梁单元、刚性单元和弹簧阻尼单元等。各类通用有限元求解器部分或全部支持各类 1D 单元类型。

本节将向用户介绍 1D 单元的基本概念及应用场合。重点介绍使用 HyperMesh 中的 1D 单元截面管理模块 HyperBeam 进行 1D 单元截面的创建、编辑和管理的基本方法并辅以相应的实例讲解，以及使用 Connector 功能进行模型装配和管理的基本方法并辅以相应的实例讲解。

3.1.1 梁单元的创建

梁单元可以用来模拟长度方向远远大于其横断面尺寸的结构，在机械、建筑等领域承担着重要的角色。对于 bar 单元，必须建立梁的横截面。单击 "1D" → "HyperBeam" → "standard section per beam"，即可建立横截面，如图 3-1 所示。

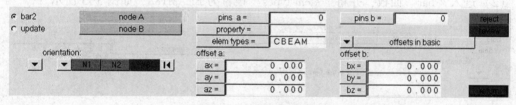

图 3-1 梁单元创建面板

可编辑的数据包括引用截面属性、自由度编辑、单元偏置及选择方向点等，可以支持模拟复杂梁单元。

实例：梁单元的创建与编辑（在 HyperMesh 中载入文件 3-1. hm 进行以下操作）

梁截面有多种形状，此处以 "工字梁" 为例，配合 ANSYS 后处理进行详细说明。

步骤 1：进入 HyperBeam 面板创建截面属性。

（1）在面板中选择 "1D" → "HyperBeam" → "standard section" 进行界面几何编辑。

（2）在 "standard section library" 选项中选择 "ANSYS"。

（3）在 "standard section type" 选项中选择 "standard I section"。

（4）单击 "create" 按钮进入 HyperBeam 界面，可以根据实际需要对所创建的截面的几何参数进行编辑，如图 3-2 所示。

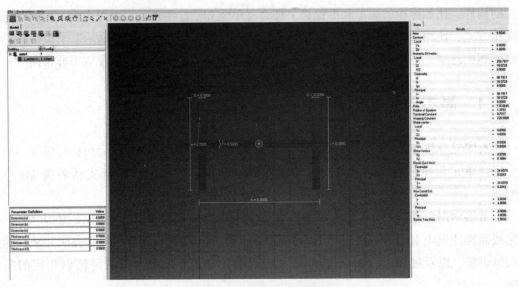

图 3-2　HyperBeam 界面

（5）对所创建的截面的几何参数进行编辑后，单击"file"，在下拉菜单中单击"exit"退出该面板，此时模型卡片"Beamsection"中出现已编辑的几何形状"auto1"。

步骤 2：创建梁单元。

（1）在模型卡片处创建 component，此处命名为 liang，将颜色设置框修改为红色。

（2）进入"bar"面板，并将"elem types"设置为 BEAM188，如图 3-3 所示。

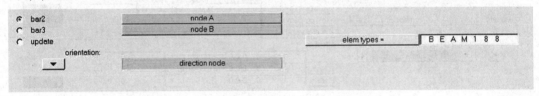

图 3-3　"bar"面板

（3）在主菜单选择"Mesh"→"Create"→"1D Elements"→"bar"命令。

（4）选择"1D"→"bar"。

（5）分别选择 node A、node B、direction node，完成梁的创建，如图 3-4 所示。

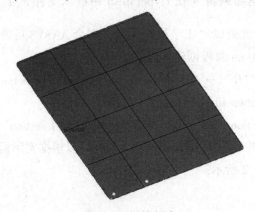

图 3-4　梁的创建

步骤 3：属性之间的关联。

（1）单击"auto1"，在"Card Image"中选择"SECTYPE"。

（2）在"Select a beamsection（OPTIONAL）"中选择"I_section.1（1）"，如图 3-5 所示。

Name	Value
Name	auto1
ID	1
Color	
Card Image	SECTYPE
TYPE	BEAM
Select a beamsection [OPTIONAL]	I_section.1 (1)
SUBTYPE	I

图 3-5　梁单元截面的设置

（3）单击"Utility"，进行单元和材料属性的创建，并将所创建的单元类型和材料属性赋予 liang。

（4）单击工具栏 ，选择"1D detailed elemenet representation"，所创建的"工字梁"会显示出来，如图 3-6 所示。

图 3-6　"工字梁"实例

3.1.2　杆单元的创建

杆单元主要用于模拟杆被拉伸及压缩时的特性，也可用于支持简单的梁单元。与梁单元的最大区别是不能承受弯矩。Rods 打开方式为：单击"1D"→"Rods"，如图 3-7 所示。

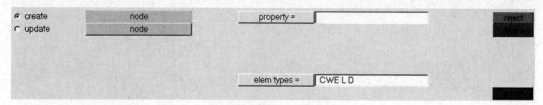

create	node	property =		reject
update	node			review
		elem types =	CWELD	

图 3-7　杆单元创建面板

可编辑的数据包括单元类型。

需要传递轴向应力时，要定义截面尺寸并引用材料的 PROD 属性。

实例：杆单元的创建与编辑

（1）单击"Geom"→"nodes"。

（2）此处设置 5 个点，坐标分别为（0，0，0）、（0，5，0）、（0，10，0）、（0，15，

0）和（0，20，0）。单击"creat"按钮，创建5个节点，如图3-8所示。

（3）选择"1D"→"rods"，进入"rods"面板。一次选择5个节点，创建杆单元，如图3-9所示。

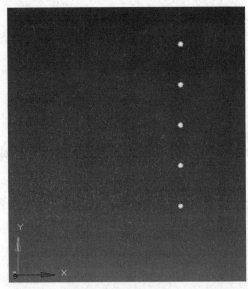

图3-8　创建节点

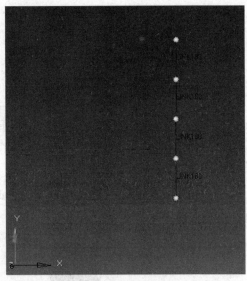

图3-9　创建杆单元

（4）选择"Utility"，选择"ET type"，创建 LINK180 单元。

（5）选择"Material"，创建材料属性。

（6）选择"Real sets"，设置杆单元实常数即杆的横截面面积。

（7）选择"Component manager"，将所创建的单元类型、材料属性及实常数赋予组件，如图3-10所示。

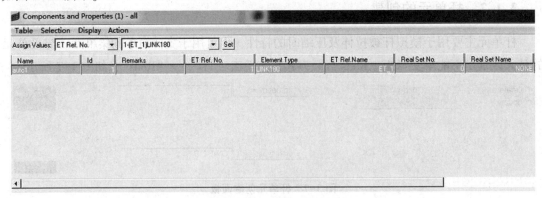

图3-10　将材料属性赋予组件

3.1.3　刚性单元的创建

1. REB2 单元

刚性单元（rigid body elements，RBE）是最简单的连接方式，给出了直接的两个节点间的运动学约束方式。在 RBE2 单元的创建中，需要指定一个主节点（independent node）及一个或者若干个从节点（dependent node）。所有从节点的运动方式，将按照创建刚性单元时所选择的自由度，完全依从于主节点而进行。如图 3-11 所示，自由度包括 dof1、dof2、dof3（平动自由度）和 dof4、dof5、dof6（转动自由度）。RBE2 单元常用于模拟简化的焊接单元，或者将两部分不匹配的网格进行连接。使用 RBE2 单元的一个主要问题是在若干个节点间建立刚性连接，将为模型中引入额外的刚度。

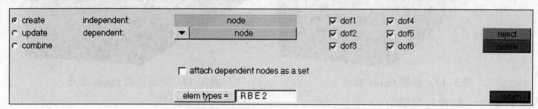

图 3-11　RBE2 单元创建面板

可编辑的数据包括点的位置与参数更新。

2. REB3 单元

与 RBE2 单元相比，RBE3 单元可以用于集中载荷在若干节点上的分配，但是不会在模型中引入额外的刚度。RBE3 单元可以被看作一种运动学约束，某一节点的运动，是由其他若干个节点通过加权方式决定的。如图 3-12 所示。

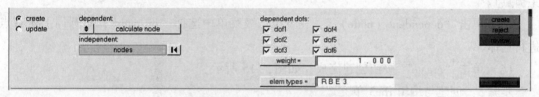

图 3-12　RBE3 单元创建面板

可编辑的数据包括点的位置与参数更新。

实例：刚性单元的创建与编辑（在 HyperMesh 进程中载入文件 3-2. hm 进行以下操作）

步骤 1：创建与编辑 rigids 单元。

（1）进入"rigids"面板。

（2）在主菜单中选择"Mesh"→"Create"→"1D Elements"→"rigids"命令。

（3）选择"1D"→"rigids"。

（4）选择"create"→"dependent"，选择单点或多点。

（5）单击"independen"，选择主点；单击"dependent"，选择从点。

（6）单击"create"按钮创建完成，如图 3-13 所示。

（7）选择"update"→"connectivity"。

（8）单击"elem"，选择要修改的单元，此时被选择对象高亮显示。

（9）单击"independen"，修改主点；单击"dependent"，修改从点。

（10）单击"update"按钮完成修改，如图 3-14 所示。

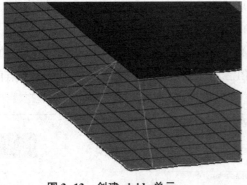

图 3-13 创建 rigids 单元   图 3-14 更新后的 rigids 单元

步骤 2：创建与编辑 rbe2 单元。

（1）选择 "Geom" → "distance" 或者使用快捷键 F4 启用 "distance" 命令。

（2）选择 "three nodes"，依次在圆孔上选择 3 个节点，单击 "circle center" 完成创建，此时在圆孔中心形成节点。

（3）单击 "return" 按钮返回，选择 "1D" → "rigids"，进入 "rigids" 面板。

（4）选择 "create" 按钮，单击 "independent（node）"，选择创建的中心节点（创建主节点）。

（5）单击 "dependent（node）"，在下拉二级菜单中选择 "by path"，对圆周上所有点进行选择。

（6）单击 "create" 按钮创建完成，如图 3-15 所示。

步骤 3：创建与编辑 rbe3 单元。

（1）选择 "Geom" → "distance"，也可以用快捷键 F4 启用 "distance" 命令。

（2）选择 "three nodes"，依次在圆孔上选择 3 个点，单击 "circle center" 完成创建。

（3）进入 "reb3" 面板，单击 "create" 按钮。

（4）单击 "independent"，选择创建的中心为从点，单击 "dependent"，选择主点，通过 "by path" 对圆周上所有点进行选择。

（5）单击 "create" 按钮创建完成，如图 3-16 所示。

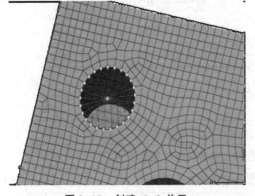
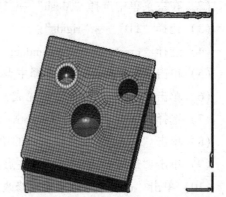

图 3-15 创建 rbe2 单元   图 3-16 创建 rbe3 单元

3.1.4 质量单元的创建

通过在质心位置的节点上创建质量单元来模拟零件的质量。质量单元通常拥有 6 个自由度，可以通过调整单元关键字对自由度进行设置。如在不考虑轮胎受力情况下其应力的情况，即不考虑轮胎受力后的反应，可将轮胎的总质量用质心处节点赋予质量来模拟。

Masses 单元打开方式：单击"1D"→"masses"，其中，"nodes"用来选择质量点的创建节点，"elem types"用来调整单元类型，如图 3-17 所示。

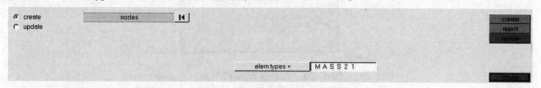

图 3-17　质量单元创建面板

本节将通过 MASS21 单元的创建和编辑来详述质量单元的创建。

步骤 1：创建与编辑 MASS 单元。

（1）打开模型，如图 3-18 所示。

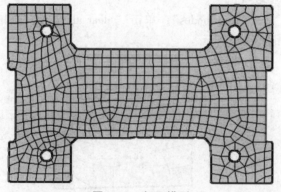

图 3-18　打开模型

（2）依次单击"collectors"→"create"→"components"，创建两个组件，分别命名为"zhiliang"和"rbe3"。可通过颜色选项框对"zhiliang"和"rbe3"进行颜色设置。

（3）右键单击"zhiliang"，在下拉菜单中选择"make current"，此时"zhiliang"组件为当前显示模式，如图 3-19 所示。

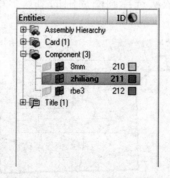

图 3-19　zhiliang 组件当前显示

（4）按快捷键 F4，选择"create"。

（5）在圆圈周围依次选择 3 个节点，单击"circle center"，在圆心处生成节点，如图 3-20 所示。

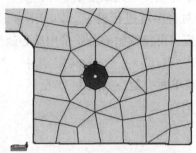

图 3-20　圆心生成临时节点

（6）单击"return"返回，然后单击"masses"进入"masses"创建面板。

（7）选择"create"，选择步骤（5）所创建的圆心节点，此时节点为白色高亮显示，单击"create"完成质量单元的创建。

（8）单击"return"返回。

（9）选择"Geom"→"temp nodes"，单击"clear all"，此时圆心处临时节点被清理，所创建的红色质量点如图 3-21 所示。

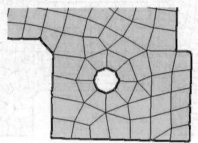

图 3-21　质量点的创建

（10）右键单击"rbe3"组件，在下拉菜单中选择"make current"，此时 rbe3 组件为当前显示模式。

（11）选择"1D"→"rbe3"，进入"rbe3"面板。

（12）单击"slave node"，依次选择圆圈周围的节点，单击"create"，生成 rbe3 单元，如图 3-22 所示。

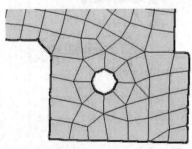

图 3-22　rbe3 单元的创建

步骤 2：为质量点赋予材料属性。

（1）单击"Utility"，打开应用面板，如图 3-23 所示。

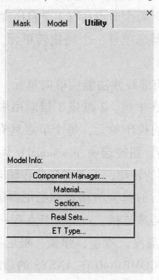

图 3-23　Utility 面板

（2）打开"ET type"，创建 MASS21 单元。

（3）打开"real sets"，根据实际情况为 MASS21 单元创建实常数，如图 3-24 所示。

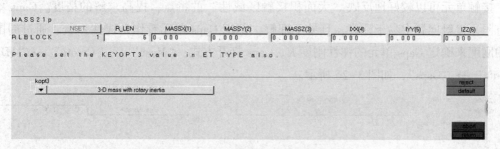

图 3-24　MASS21 单元实常数设置面板

（4）打开"Component manager"面板，依次将所设置的单元类型和实常数赋予 zhiliang 组件。

3.1.5　弹簧单元的创建

弹簧单元可以建立三个方向（X，Y，Z）的刚度弹簧，弹簧单元被建立后，只能对某一个方向形成阻尼。Springs 打开方式："Mesh"→"Create"→"1D Elements"→"Springs"，如图 3-25 所示。

图 3-25　弹簧单元创建面板

常用弹簧类型包括以下几种：

（1）COMBIN14，具有1维、2维或3维应用中的轴向或扭转的性能。轴向的弹簧-阻尼器选项是1维的拉伸或压缩单元。每个节点具有3个自由度：X、Y、Z的轴向移动，不考虑弯曲或扭转。扭转的弹簧-阻尼器选项是一个纯扭转单元。每个节点具有3个自由度：X、Y、Z的旋转，不考虑弯曲或轴向力。

（2）COMBIN39，是一个具有非线性功能的单向单元，可对此单元输入广义的力-变形曲线。该单元可用于任何分析。在1维、2维或3维应用中，本单元都有轴向或扭转功能。轴向选项（longitudinal）代表轴向拉压单元，每个节点具有3个自由度：沿节点坐标系X、Y、Z的平动，不考虑弯曲和扭转。扭转选项（torsional）代表纯扭单元，每个节点具有3个自由度：绕节点坐标轴X、Y、Z的转动，不考虑弯曲和轴向荷载。

（3）COMBIN40，是相互平行的弹簧滑动器和阻尼器的联合，并串联着一个间隙控制器。质量可以用一个或者两个节点来连接。每一个节点有一个自由度，其自由度可以是一个节点的横向位移、转角、压力或温度。质量、弹簧、阻尼器和/或间隙可以从单元中除去。单元可以运用于任何分析。详见COMBIN40在ANSYS的帮助文件中有更多的关于单元的详细的信息。

3.1.6　接触单元的创建

接触单元可以较好地反映"大面积接触区域性"的特点，提高求解的精度。Gaps单元在有限元接触问题中易于建模，且易于理解，即把Gaps单元看作是线性弹簧。通过周围单元的刚度来确定Gaps单元的弹性刚度K。Gaps打开方式："Mesh" → "Create" → "1D Elements" → "Gaps"，如图3-26所示。

图3-26　接触单元创建面板

ANSYS支持三种接触方式：点-点、点-面、面-面，每种接触方式使用的接触单元适用于某类问题。

为了给接触问题建模，首先必须认识到模型中的哪些部分可能会相互接触，如果相互作用的其中之一是一点，模型的对应组元是一个节点。如果相互作用的其中之一是一个面，模型的对应组元是单元，例如梁单元、壳单元或实体单元。有限元模型通过指定的接触单元来识别可能的接触匹对，接触单元是覆盖在分析模型接触面之上的一层单元。至于ANSYS使用的接触单元和使用的过程，下面分类详述。

1. 点-点接触单元

点-点接触单元主要用于模拟点-点接触行为，为了使用点-点接触单元，需要预先知道接触位置，这类接触问题只适用于接触面之间有较小相对滑动的情况（即使在几何非线性情况下）。

如果两个面上的节点一一对应，相对滑动又已忽略不计，两个面挠度（转动）保持小量，那么可以用点-点的接触单元来求解面-面的接触问题，过盈装配问题是一个用点-点的接触单元来模拟面-面的接触问题的典型例子。

2. 点-面接触单元

点-面接触单元主要用于给点-面的接触行为建模，例如两根梁的相互接触。

如果通过一组节点来定义接触面，生成多个单元，那么可以通过点-面的接触单元来模拟面-面的接触问题。面既可以是刚性体，也可以是柔性体。这类接触问题的一个典型例子是插头插到插座里。

使用这类接触单元，不需要预先知道确切的接触位置，接触面之间也不需要保持一致的网格，并且允许有大的变形和大的相对滑动。

CONTACT48 和 CONTACT49 都是点-面接触单元，CONTACT26 用来模拟柔性点-刚性面的接触，对有不连续的刚性面的问题，不推荐采用 CONTACT26，因为可能导致接触的丢失。在这种情况下，CONTACT48 通过使用伪单元算法能提供较好的建模能力。

3. 面-面接触单元

ANSYS 支持刚体-柔体的面-面接触单元，刚性面被当作"目标"面，分别用 TARGE169 和 TARGE170 来模拟 2D 和 3D 的"目标"面，柔性体的表面被当作"接触"面，用 CONTA171、CONTA172、CONTA173、CONTA174 来模拟。一个目标单元和一个接单元叫作一个"接触对"程序，通过一个共享的实常号来识别"接触对"。为了建立一个"接触对"，给目标单元和接触单元指定相同的实常号。

实例：面-面接触单元的创建

步骤1：查看 HyperMesh 模型并启动接触向导。

（1）启动 HyperMesh 软件，单击"File"→"Open"打开模型，查看模型文件，如图3-27 所示。

图3-27 HyperMesh 模型文件

（2）单击"utility"标签页，然后单击"contact manager"按钮。

步骤2：选择目标体。

（1）选择"new"，打开创建接触对向导，如图3-28 所示。

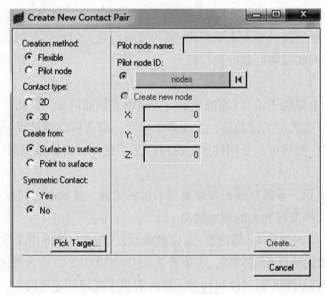

图 3-28　接触向导面板

（2）选择"Flexible""3D""Surface to surface"。

（3）单击"Pick Target"按钮，打开目标体进行选择。

（4）单击"comps"，选择"zhengti"，单击"select"按钮。

（5）单击"proceed"，此时弹出单元选项对话框，视图窗口仅仅显示所选目标体。

（6）单击"Elements"，选中其中一个单元，通过"by face"选择，此时整个目标面的单元将被选中，如图 3-29 所示。

图 3-29　目标面

（7）单击"proceed"→"Next"，此时将出现目标单元对话框，如图 3-30 所示。用户可根据实际情况对目标单元的属性进行设置。

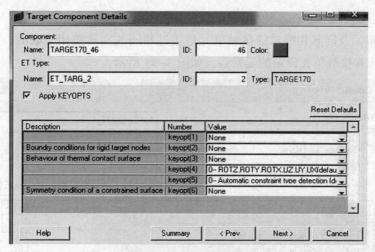

图 3-30　目标单元属性

步骤 3：选择接触体。

（1）单击"next"→"components"→"comps"，选择"ganggui"。

（2）单击"select"→"proceed"。

（3）单击"Next"按钮，此时出现单元选项对话框。

（4）单击"elements"，选择钢轨表面一个单元，通过"by face"选择整个接触面，如图 3-31 所示。

图 3-31　接触面

（5）单击"Next"按钮，此时出现接触面属性对话框，如图 3-32 所示。用户可根据实际情况对目标单元的属性进行设置。

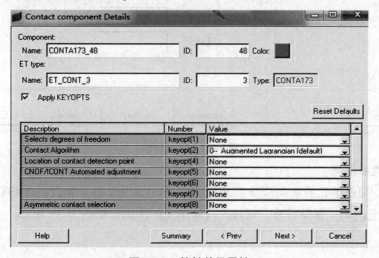

图 3-32　接触单元属性

步骤 4：定义接触对属性。

（1）目标单元及同其相配对的接触单元是通过相同的实常数相关联的。这个实常数包括所有的为目标和接触单元设定的实常数，如图 3-33 所示。

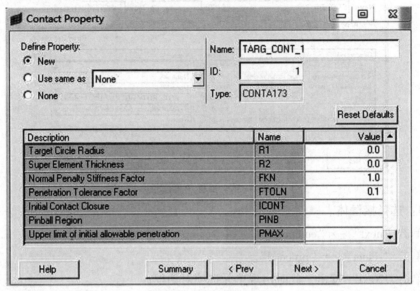

图 3-33　定义接触对属性

（2）默认实常数的值被赋予目标/接触单元。

（3）更改目标/接触单元的实常数值。也可以单击"Reset Defaults"按钮重置默认值。

（4）单击"Next"按钮，将实现"Contact Material"按钮，如图 3-34 所示。

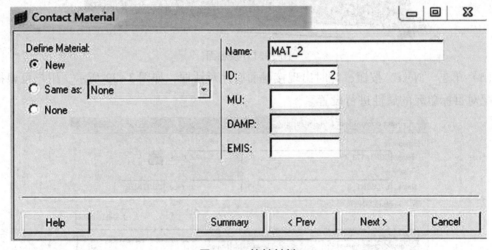

图 3-34　接触材料

步骤 5：查看法向。

（1）目标/接触单元的法向应该互相指向对方。如果没有，那么在 ANSYS 中将求解不正确。检查单元法向，如果需要，则修改这些单元的法向，如图 3-35 所示。

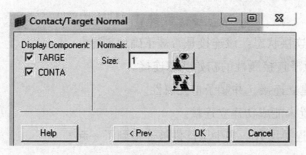

图3-35 查看接触单元法向

（2）选择目标/接触单元分组。

（3）给定向量的显示尺寸。

（4）单击"Display Normals"按钮去查看单元的法向。

（5）在查看法向后，单击"Next"按钮。

3.2 模型连接管理

3.2.1 模型连接及其术语

1. 什么是连接

在有限元分析中，连接是对模型物理连接的数值再现。HyperMesh 可以通过简单的操作，只需花费很少的工时即可创建大批连接单元。成百甚至上千的单元可以一次性地创建并被赋予相关的属性。这种一维单元可以在模型网格划分结束后或者在模型尚未进行网格划分时创建。连接单元（Connector）可用于模拟点焊、螺栓连接、集中质量、缝焊、胶粘等。

2. 连接的基本术语

（1）Link Entities—连接对象：将什么连接在一起？

用户可以通过直接指定连接对象，或通过搜索容差的方式，创建两个对象之间的连接。

连接的对象可以为 components、elements、surfaces、nodes 或 tag。

（2）Connector Location—连接位置：在何处建立连接？

Nodes—依托节点建立连接。

Points—依托硬点建立连接。

Lines—依托线建立连接。

用于建立连接的线，可以在 HyperMesh 中通过 offset、spacing 及 density set 等参数，切分若干长度相等的段，或控制预期节点密度等方式，以控制最终生成的连接单元的排布方式。

Elements—在单元处建立连接（仅适用于 ACM 连接）。

Surface—在曲面间建立连接（仅适用于 ACM 连接）。

（3）Connector Realization—连接类型声明：连接的属性是怎样的？

连接的属性主要有刚性单元、弹性单元，或者由用户指定类型的单元，例如 ACM 连接、

CWELDs 连接等。

ConnectorState—连接状态：该连接是否被正确地创建？

Unrealized—未赋予连接属性的初始状态连接。

Realized—成功建立连接，并赋予单元属性。

Failed—在某位置未能成功建立连接。

（4） of Layers—连接层数：多少层部件被连接到了一起？

一层，两层，三层……

（5） Connect When—额外的连接生成控制参数：在什么阶段生成最终连接？

Now—完全连接创建。需要用户手工指定连接对象（Connect What）并指定连接层数（num layers）。

At FE Realize—包括连接对象、连接层数及连接方式等信息，在 FE Realize 阶段再进行指定。当前工作仅仅指定连接的位置。

（6） Re-Connect Rule—定义装配体管理的连接信息。

None—如果连接对象被删除，那么自动删除该连接。

By ID—如果连接对象被删除，那么单元将保留原有的连接对象编号信息。

（7） By Name—保留连接对象的名称。

3.2.2　连接工具：Connectors 及其二级面板

Connectors 是 HyperMesh 中快速创建各种连接形式的工具，通过 Connectors 定义连接对象、连接单元等各种信息，因此可以快速建立多个相应连接关系，或者快速更改多个连接关系。下面对 "Connectors" 面板和相关实例进行详细介绍。

单击 "1D" → "Connectors" 面板，创建连接的工具，如图 3-36 所示。

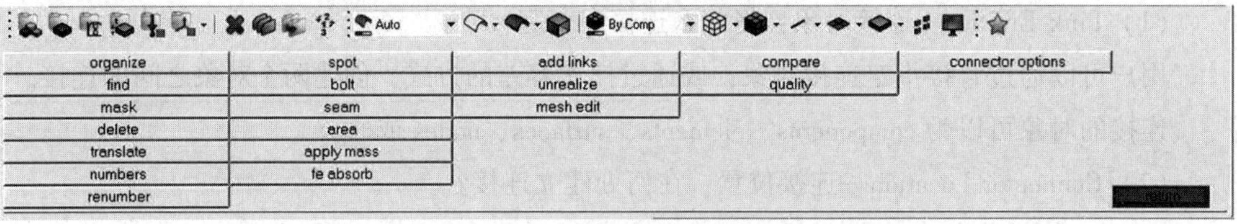

图 3-36　"Connectors" 面板

apply mass—附加质量，用于模拟模型中未参与建模部分的质量配平。

fe absorb—由已有的一维单元反向生成连接信息。例如 welds、bolts、ACM 等。

add links—为已有的连接添加连接对象。

unrealize—删除该连接单元的连接属性，仅保留连接位置和连接对象的信息。

compare—检查已有模型与 MCF 文件。

quality—检查是否出现了重复的连接，是否有可以合并的连接，以及所有已创建的连接单元的单元质量。

模型连接管理器（Connector Browser）是 HyperMesh 中非常重要的工具，用于对模型中

所有的连接进行查看和管理。其主要功能如下:

(1) Shows 显示:

①该连接的类型;

②连接对象信息;

③该连接的状态。

(2) Editable 可编辑状态:编辑连接信息,并输出 mwf 文件。

①在模型连接管理器中,按用户需求,搜索指定的连接。

②连接视图控制以不同颜色显示区分连接的状态、层数或连接的 component。

③按连接的状态及层数进行可见性控制;连接图标尺寸控制。

创建 connector 有两种方法:自动创建和手动创建。前者会自动创建一个 connector 并进行实现操作,而后者允许用户手动创建一个 connector,然后手动对其进行"实现"操作。"实现"指的是将 connector 转化为焊接单元。

实例1:利用 connector 在预定义焊点上创建焊接

(1) 打开模型,使用不同角度对模型进行查看。模型如图 3-37 所示。

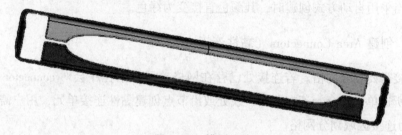

图 3-37 模型文件

(2) 单击"1D"→"connectors"→"spot",进入"spot"面板,如图 3-38 所示。

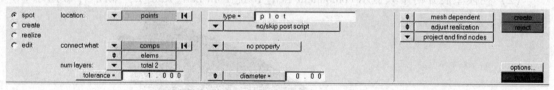

图 3-38 "spot"面板

(3) 确认组件 Con_ Frt_ Truss 为当前显示。

(4) 将"location"对象选择器切换为"points"。

(5) 单击"points"对象选择器,选择"by collector"→"component Con_ Frt_ Truss",单击"select",这样就选择了其上的 6 个预定义的焊点,此时选中的焊点为高亮白色显示。

(6) 在"connect what"栏单击"comps"对象选择器,接着单击"component Front_ Truss_1"和"Front_Truss_2"。

(7) 在同一栏中,将"elems"切换为"geom"。

(8) 在"tolerance"中设定值为 5,这样 connector 会自动选择距离其 5 以内的任何已选择的对象。

（9）在"type"中选择"weld"。

（10）单击"create"按钮。

（11）单击"return"按钮。

（12）程序自动创建和实现了6个connector（注意状态栏中显示的信息）。绿色的connector表示焊接单元创建成功。这些connector以几何信息（非单元信息）保存在当前component CollectorCon_Frt_Truss中，如图3-39所示。

图3-39　创建了6个connector

（13）connector通常有3种显示状态：已实现（绿色）、未实现（黄色）和错误（红色）。当采用手动方式创建connector时，其颜色从黄色变为绿色，表明connector被转化为焊接单元；当采用自动方式创建时，其颜色直接变为绿色。

实例2：创建 Area Connectors（黏性连接）

黏性连接需要划分网格。若连接处已存在网格单元，则程序会对connector自动划分网格，使其和所选单元吻合。若在曲面、线处或沿节点创建黏性连接单元，用户需要手动使用automesh，为连接区域划分网格。

（1）打开模型文件，并从不同视角对模型文件进行查看。

（2）在模型展开树中只显示component Left_Rail_1和Left_Rail_2，如图3-40所示。

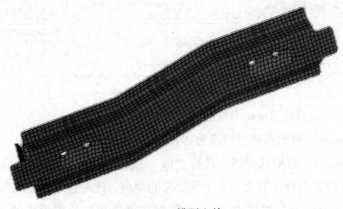

图3-40　模型文件

（3）放大显示两个翻边区域，查看连接处单元。

（4）在"Model Browser"中右键单击鼠标，在弹出的菜单中选择"Create"→"Component"。

（5）单击"rename"，将所创建的组件命名为"Adhesive"，设置为当前显示的 component。

（6）依次选择"1D"→"connector"→"area"，进入黏性连接面板，如图 3-41 所示。

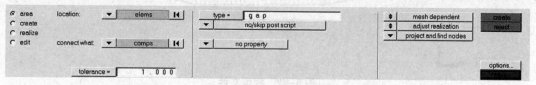

图 3-41　"area"面板

（7）选择"area"，将"location"设置为"elems"。

（8）在"Left_Rail_1"的顶部翻边上选择一片单元，选中单元高亮显示。

（9）单击"elems"，选择"by face"，整个翻边单元高亮显示。

（10）在"connect what"中选择"comps"，然后选择"Left_Rail_1"和"Left_Rail_2"。

（11）单击"select"按钮。

（12）将"tolerance"设定为 10，这样 connector 会自动选择距离其 10 以内的任何已选择的对象。

（13）在"type"中选择"adhesives"。

（14）将"adhesive type"设置为"shell gap"，该选项不考虑壳单元的厚度，直接投影到壳单元上生成连接单元。

（15）单击"create"按钮。

（16）查看新创建的黏性连接，注意到程序已创建了一个 area connector，单击"return"按钮。

（17）依次选择"1D"→"connector"→"unrealize"面板。

（18）选择之前创建的 connector。

（19）单击"unrealize"按钮。

（20）单击"return"按钮。

（21）依次进入"area"面板和"realize"子面板。

（22）单击"connector"按钮，选择其未实现的黄色 connector。

（23）将"adhesive type"设置为（T1+T2）/2，将"density"设置为 3，类型考虑每个壳单元的厚度。

（24）单击"realize"按钮。

实例 3：创建螺栓连接

（1）螺栓连接在具体工程实践中是一个非常重要的概念，它基于被连接 component 之间的圆。

（2）孔建立 connector。

（3）打开模型文件并从不同视角对模型进行查看。隐藏其他模型，仅留 Rear_Truss_1 和 Rear_Truss_2，如图 3-42 所示。

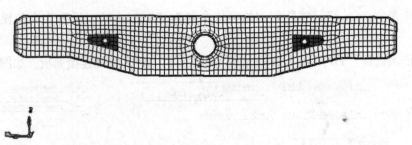

图 3-42　模型文件

（4）在模型树中右键单击，选择"create"→"component"。

（5）右键单击，选择"rename"，将"component"命名为"bolt"。

（6）选择"1D"→"connector"→"bolt"，进入"bolt"面板，如图 3-43 所示。

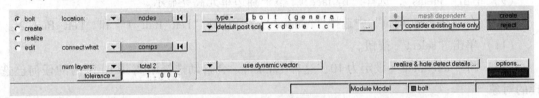

图 3-43　"bolt"面板

（7）将"location"设置为"nodes"，选择"Rear_Truss_1"的孔边缘的点，如图 3-44 所示。

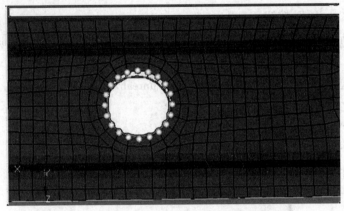

图 3-44　选中"Rear_Truss_1"的孔边缘的点

（8）在"connect what"中单击"comps"，选择"Rear_Truss_1"和"Rear_Truss_2"。

（9）"tolerance"设定为"50"，这样 connector 会自动选择距离其 50 以内的任何已选择的对象。

（10）将"type"设置为"bolt"。

（11）在"hole diameter：max"中输入"60"，保证所能捕捉到孔的范围。

（12）单击"create"按钮，结果如图 3-45 所示。

（13）单击"return"按钮，返回到主面板。

图 3-45　螺栓连接

3.3　HyperBeam

HyperBeam 是 HyperMesh 向用户提供的强大的 1D 单元截面创建、编辑和管理模块。在 HyperBeam 中，梁截面信息可以由用户在 HyperMesh 界面下，通过已有的几何或有限元模型进行直接提取，或者针对不同求解器模板创建各类标准梁截面信息。正确创建的梁截面信息可以在有限元模型前处理阶段，由梁单元进行引用，辅以各类材料模型，即可正确表示各类 1D 单元的力学特性。

3.3.1　HyperBeam 界面介绍

启动 HyperBeam 后，可以看到该界面分为以下几个部分：Section Browser、Parameter Definition、Graphics Window、Pane 和 Toolbar，如图 3-46 所示。

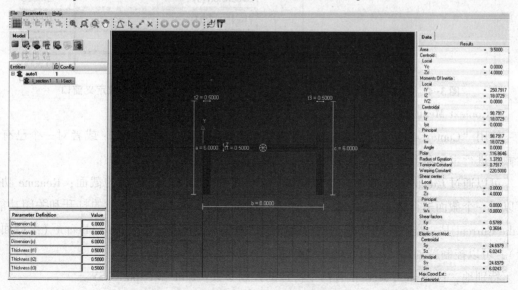

图 3-46　HyperBeam 面板

1. 梁截面浏览器和梁截面编辑器

在视图区域左侧是梁截面浏览器，给出了当前数据库文件中所有的截面及截面集合的信息，供用户查看之用，如图3-47所示。用户可以通过梁截面浏览器查看当前模型中所有的一维单元截面信息。针对每一梁截面对象，浏览器提供了梁截面参数查看和编辑功能。通过选择某一特定的梁截面，该截面的各类计算结果将自动显示在视图区域右侧的"Result Pane"中。此外，在选择了某一特定的梁截面后，可以在"Parameter Definition Window"中对该截面的参数进行编辑。

注意：仅"Standard"和"Shell"截面可以提供直接参数编辑功能。"Generic"截面可以在"Result Pane"中对其参数进行编辑，而通过几何或有限元提取的"solid section"则无法编辑。

在梁截面浏览器中，提供了各类截面的排序功能。用户可以通过截面ID，或通过截面性质，对梁截面和梁截面几何进行排序，如图3-48所示。

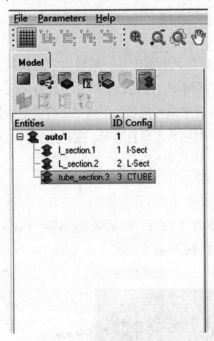

Parameter Definition	Value
Dimension (a)	6.0000
Dimension (b)	8.0000
Dimension (c)	6.0000
Thickness (t1)	0.5000
Thickness (t2)	0.5000
Thickness (t3)	0.5000

图3-47　梁截面浏览器　　　　　图3-48　梁截面参数定义窗口

2. Context Menu

使用"Context Menu"对话框，可以新建、编辑、删除一个梁截面，或者对一个已有的梁截面进行重命名等操作。

可以通过Create创建截面。此外，Delete功能可以删除一个已有的截面；Rename功能可以对一个截面进行重命名；Collapse All和Expand All则提供了目录树的打开和关闭功能；Make Current是一类特殊的功能，该功能的操作对象仅能为Beamsection Collector（梁截面集合），可以控制新创建的梁截面被存储在哪一个梁截面的集合中。

特别地，针对shell section有两个特殊的控制参数：Edit和Export CSV。

3. Parameter Definition

梁截面参数定义窗口位于 HyperBeam 用户界面左下方。

如果用户选取的截面为各个求解器所分别支持的标准截面形式，那么可以在窗口中对截面的各类几何参数进行编辑。此外，该窗口还可以对 shell section 的各个顶点的 y，z 坐标进行编辑。每当完成了一次参数编辑后，视图区域的截图图形会自动进行更新。

4. HyperBeam 工具栏

HyperBeam 工具栏提供了两类基本功能，如图 3-49 所示。

图 3-49　HyperBeam 工具栏

第一项功能为打开/关闭背景网格显示。打开该功能，可以方便地对一系列的梁截面的几何尺寸进行比较；第二项功能为后续的 4 个图标，该功能可以控制梁截面的显示方向，单击不同的图标，可以分别获得截面的不同显示方式。

5. 视图窗口

该视窗为 HyperBeam 最重要的窗口，提供了各类梁截面的几何形态的直接查看信息。

所有的梁截面都包括局部坐标系、截面形心和剪切中心。

如果截面对象为标准梁截面，那么该截面的几何参数也会显示在视图窗口中，如图 3-50 所示。

如果截面为 shell section，那么显示该截面的各个部分及顶点的编号如图 3-51 所示。

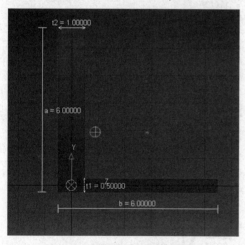

图 3-50　截面为标准梁截面

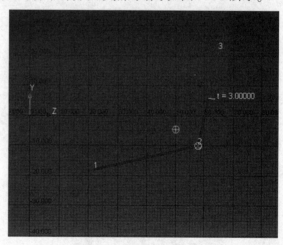

图 3-51　截面为 shell section

如果显示对象为 solid section，那么将显示该截面的剖分情况，如图 3-52 所示。注意，截面上的网格不引入整体有限元模型中，而仅仅用于计算该截面的相关属性。

由于 generic section 并没有相应的截面几何形态信息，而只有各类截面数据计算结果，因此，在视图区域中，只会显示一个灰色方框，如图 3-53 所示。如果希望对一个 generic section 进行编辑，则需要在 result pane 中对各类参数进行修改。

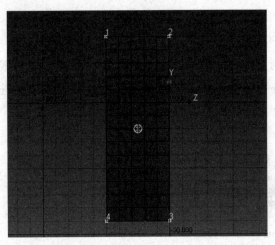

图 3-52　截面为 solid section

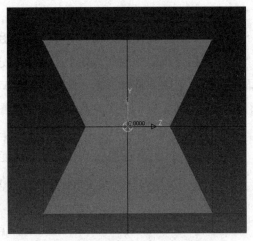

图 3-53　截面为 generic section

6. Result Pane

完成了各类梁截面的创建后，关于该截面的各类参数的计算结果，如截面面积、截面惯性矩、剪切中心、剪切因子等内容，都将显示在 Result Pane 中。注意，如果截面对象为 generic section，那么该截面的属性信息能且仅能在该面板下进行编辑，如图 3-54 所示。

Results		
Area	=	9.5000
Centroid :		
Local		
Yc	=	0.0000
Zc	=	4.0000
Moments Of Inertia :		
Local		
IY	=	250.7917
IZ	=	18.0729
IYZ	=	0.0000
Centroidal		
Iy	=	98.7917
Iz	=	18.0729
Iyz	=	0.0000
Principal		
Iv	=	98.7917
Iw	=	18.0729
Angle	=	0.0000
Polar	=	116.8646
Radius of Gyration	=	1.3793
Torsional Constant	=	0.7917
Warping Constant	=	220.5000
Shear center :		
Local		
Ys	=	0.0000
Zs	=	4.0000
Principal		
Vs	=	0.0000
Ws	=	0.0000
Shear factors		
Ky	=	0.5789
Kz	=	0.3684
Elastic Sect Mod :		
Centroidal		
Sy	=	24.6979
Sz	=	6.0243
Principal		
Sv	=	24.6979
Sw	=	6.0243
Max Coord Ext :		

图 3-54　截面的属性信息

3.3.2 梁截面信息导入/导出

1. 模型导入

导入有限元模型时，HyperMesh 将自动为所有的 rod、bar 和 beam 单元创建梁截面和相应的单元属性，即使当前会话中没有预先定义相关梁截面。只有 HyperBeam 中完整定义了梁截面和相关属性后，HyperMesh 的 3D 显示才会生效。

如果在导入有限元模型时不希望 HyperMesh 自动为一维单元创建梁截面，那么在模型导入窗口的自定义导入特征对话框中取消选择 "beamsections" 和 "beamsection collectorsder"。此时实际属性卡片中的梁截面保持不变，但 HyperMesh 将不再计算截面的几何信息及由几何形状计算得到的截面信息，如图 3-55 所示。

2. 模型导出

有限元模型导出的过程与导入类似，梁截面信息默认输出，如图 3-56 所示。

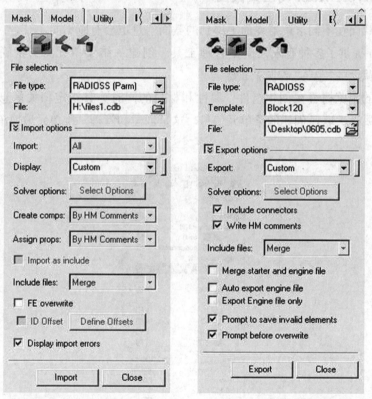

图 3-55 有限元模型导入　　图 3-56 有限元模型导出

如果不希望导出梁截面信息，则需要使用自定义输出窗口，即取消相关信息的输出。

实例：导入并自动创建梁截面

在 HyperMesh 模型导入过程中自动创建梁截面及 3D 显示梁单元。假定已经载入 Radioss Bulk 或 OptiStruct 用户配置并且在 HyperMesh 界面中输入 3-6. fem 模型。

3-6. fem 文件中没有相关的梁截面定义，导入此模型时，HyperMesh 将自动为这些梁单元创建截面并支持 3D 显示。在 HyperMesh 中导入 3-6. fem，使用三维视图模式 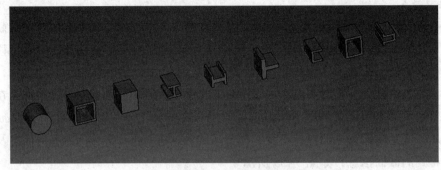 得到的模型如图 3-57 所示。

图 3-57　三维梁视图

3.3.3　HyperBeam 调出梁截面

相同的梁截面在不同求解器界面下得到的截面信息也会有所不同。

HyperMesh 提供了多种有限元模型管理工具。创建一维梁单元时，正确理解组件、属性、单元和梁截面的相互关系非常重要。

通过模型的浏览树可在创建组件、属性和材料的同时为其指定相关信息，如创建属性时，可为这个属性关联已创建的梁单元信息。这是创建和管理一维单元最简单的方式，如图 3-58 所示。

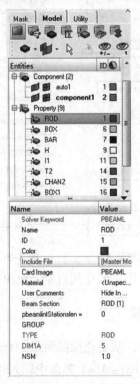

图 3-58　关联已创建的梁单元信息

在 "Create component" 对话框中单击 "Create property" 按钮，可为当前组件创建相应的属性，如图 3-59 所示。

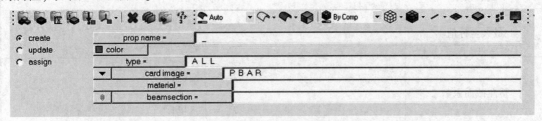

图 3-59 为当前组件创建相应属性

HyperMesh 中包括二力杆（rod）、等截面梁（bar）、变截面梁（beam）等所有类型的单元，都需要存放在一定的组件集中。属性可与组件关联，也可以与独立的单元相关联。如果关联组件的属性与关联单元的属性发生冲突，那么关联单元的属性优先。一维单元属性包含面积、惯量及截面尺寸等截面信息。一维单元包含单元方位和连接信息。梁截面包含截面几何信息和由截面形状计算得到的截面信息。事实上，当一维单元属性与某个梁截面相关联后，梁截面上的信息将自动覆盖一维单元属性上相关区域的数据。一维单元的三维显示依赖梁截面所包含的几何信息。如果希望断开梁截面与某个属性的关联关系，在属性卡片中右击梁截面选择器更改即可。

3.3.4 HyperBeam 计算梁截面属性

通常情况下，梁截面在 YZ 平面定义，梁单元的 X 轴由梁长度方向定义。用户定义的坐标系为局部坐标系，平行于局部坐标系且坐标原点位于截面形心的坐标系称为形心坐标系，参考弯曲轴线的坐标系称为主坐标系，见表 3-1。

表 3-1 HyperBeam 中相关截面数据计算方法

截面数据	计算方法
截面积	$A = \int dA$
Y 轴惯性矩	$l_{yy} = \int z^2 dA$
Z 轴惯性矩	$l_{zz} = \int y^2 dA$
惯性矩	$l_{yz} = \int yz dA$
惯性半径	$R_g = \sqrt{l_{min}/A}$
抗弯截面模量	$E_y = l_{yy} lz_{max}$ $E_z = l_{zz} ly_{max}$

截面数据		计算方法
最大坐标值		$y_{max} = \max \lvert y \rvert$ $z_{max} = \max \lvert z \rvert$
塑性截面系数		$P_y = \int \lvert z \rvert \mathrm{d}A$ $P_z = \int \lvert y \rvert \mathrm{d}A$
扭转惯性矩	实心截面	$I_t = I_{yy} + I_{zz} + \int \left(z \dfrac{\partial \omega}{\partial y} - y \dfrac{\partial \omega}{\partial z} \right) \mathrm{d}A$ ω— 翘曲函数
	截面开口壳结构	$I_t = 1/3 \int t^3 \mathrm{d}s$ t— 壳厚度
	截面闭口壳结构	$I_t = 2 \sum A_{mi} F_{si}$ A_{mi}— 封闭空间 i 所包围的面积 F_{si}— 封闭空间 i 的剪流
弹性扭转模量	实心截面	$E_t = I_t \left/ \max \left\{ y^2 + z^2 + z \dfrac{\partial \omega}{\partial y} - y \dfrac{\partial \omega}{\partial z} \right\} \right.$
	截面开口壳结构	$E_t = I_t / \max \{ t \}$
	截面闭口壳结构	$E_t = I_t / \max \{ F_{si}/t \}$
剪切中心		$y_s = \dfrac{I_{yz} I_{yw} - I_{zz} I_{zw}}{I_{yy} I_{zz} - I_{yz}^2} \quad I_{ya} = \int y \omega \mathrm{d}A \, I_{zy} = \int z \mathrm{d}wA$
		$z_s = \dfrac{I_{yy} I_{yw} - I_{yz} I_{zw}}{I_{yy} I_{zz} - I_{yz}^2}$
翘曲刚度		$I_{\omega\omega} = \int \omega^2 \mathrm{d}A$
剪切变形系数		$\alpha_{yy} = \dfrac{1}{Q_y^2} \int (\tau_{xy}^2 \mid_{Q_z = 0} \div \tau_{xz}^2 \mid_{Q_z = 0}) \mathrm{d}A$ $\alpha_{yz} = \dfrac{1}{Q_y Q_z} \int (\tau_{xy} \mid_{Q_y = 0} \tau_{xy} \mid_{Q_z = 0} \div \tau_{xz} \mid_{Q_y = 0} \tau_{xy} \mid_{Q_z = 0}) \mathrm{d}A$ $\alpha_{zz} = \dfrac{1}{Q_z^2} \int (\tau_{xy}^2 \mid_{Q_y = 0} \div \tau_{xz}^2 \mid_{Q_y = 0}) \mathrm{d}A$
剪切刚度系数		$k_{yy} = 1/\alpha_{zz}$ $k_{yz} = -1/\alpha_{yz}$ $k_{zz} = -1/\alpha_{yy}$

截面数据	计算方法
剪切刚度	$S_{jj} = k_{jj}GA$
翘曲函数	$\nabla^2 \omega = 0$ $$\left(\frac{\partial \omega}{\partial y} - z\right) n_y + \left(\frac{\partial \omega}{\partial y}\right) n_z = 0$$ 对实心截面而言，翘曲函数是使用有限元方法来计算的。这可能导致几何拐点处失真的高应力，即使网格细化也无法改变。这可能导致计算弹性扭转模量时出现问题

对于壳截面来说，HyperBeam 使用薄壁杆理论计算相关截面信息，也就是忽略转矩和惯性矩、与壳单元厚度相关的高次项及厚度变形的影响。

与 Nastran 对应的符号：

$l_1 = l_{zz}$

$l_2 = l_{yy}$

$k_1 = k_{yy}$

$k_2 = k_{zz}$

二维 (2D) 网格划分

　　网格的划分是有限元分析的基础,工作量大且耗时多。当部件在两个方向的尺寸远大于第三个方向的尺寸时,通常需要将该部件简化并划分 2D 单元。本章介绍基于面的 2D 网格划分及基于点、线和线组的网格划分,automesh 网格的自动划分功能,网格的检查及 2D 网格的编辑等功能。

　　HyperMesh 提供了在几何模型上进行网格划分的工具 automesh,其灵活多样的划分方法能完成用户所需要的网格。当然,大多数情况下直接在几何上使用 automesh 工具并不能产生美观的网格,需要利用几何清理和编辑工具进行拓扑改善,对复杂的曲面进行切分,去除尖锐的小面等,才能划分出高质量、美观的 2D 网格。除了自动网格划分工具 automesh 外,HyperMesh 还提供了手动生成网格的功能,如拉伸、旋转、spline(在封闭线段包围的面积内生成网格),用户应该灵活配合 automesh 和这些工具来进行网格的生成。相信用户在阅读本章后,对于 2D 网格划分会有一个清楚的认识,可以大幅度提高网格划分效率。

　　掌握基于点、线、线组进行单元创建的方法;
　　掌握自动进行网格划分与单元检查的方法;
　　掌握如何对二维单元进行编辑。

　　划分网格是进行有限元分析的基础,它要考虑的问题较多,需要的工作量也较大,而网格的划分对计算精度和计算规模会产生直接影响。HyperMesh 中强大的 2D 网格划分工具 automesh 可以实现任意复杂程度曲面 2D 网格的划分。2D 单元网格在工程实际中有着广泛的应用，因此需要学习正确及合理的网格划分方法。

2D 网格类型主要包括三角形单元和四边形单元。2D 网格划分是保证高质量 3D 网格划分的基础，本章将重点介绍二维网格划分。

4.1　基于点、线、线组的单元创建

基于点、线、线组的单元创建是二维网格划分的基础，在对网格进行修改、快速实现不规则区域的网格划分等方面均有用武之地。

4.1.1　分离的节点与线创建网格

HyperMesh 中运用"ruled"命令对网格进行修补，有时可以起到事半功倍的效果。"ruled"可以在两组节点、一组节点和线段或两条线段之间创建单元。"ruled"面板如图 4-1 所示。

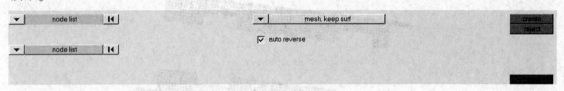

图 4-1　"ruled"面板

其中，"node list"为对象切换器，可用于在"node list"和"lines"之间根据所解决问题对对象进行切换。

"mesh, keep surf"有图 4-2 所示列表。对网格进行划分时，可以选择保留创建网格生成的面或者删除创建网格生成的面或者仅仅保留面而不需要网格等操作。

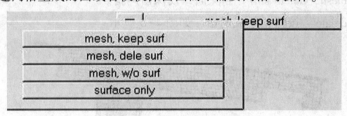

图 4-2　网格划分切换器

实例：使用"ruled"创建单元

（1）打开模型文件，如图 4-3 所示。

（2）依次选择"2D"→"ruled"，打开"ruled"面板。

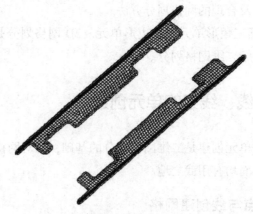

图4-3 模型文件

（3）选中上方"node list"，打开二级菜单，选择"by path"，依次选择模型上的点，此时被选中的节点高亮显示，如图4-4所示。

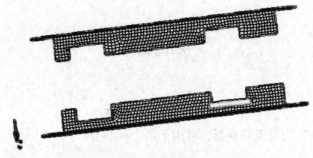

图4-4 选择节点

（4）选中下方"node list"，打开二级菜单，选择"by path"，选择模型对面节点。

（5）选择"mesh，delete surf"删除面，仅保留网格。

（6）单击"create"按钮，生成网格，如图4-5所示。

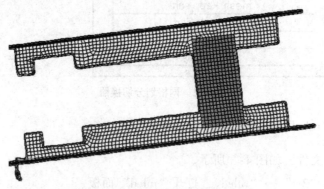

图4-5 使用"ruled"创建网格

（7）自动进入"automesh"面板，可以根据需要修改单元尺寸或者单元密度等选项。

（8）单击"return"按钮退出"automesh"面板。

（9）单击"return"按钮退出"ruled"面板。

4.1.2 样条线生成的曲面上的单元创建

spline：在由线段生成的曲面上创建单元。"spline"面板如图 4-6 所示。

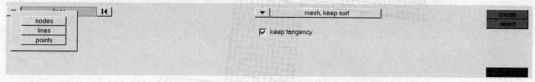

图 4-6 "spline"面板

其中，面板左上方为对象选择器，用户可以根据实际需求在"nodes""lines"和"points"选项中进行切换。"mesh，keep surf"与上例中相同。选中"keep tangency"选项，则使由封闭曲线构成的面与封闭曲线相切。

实例：使用"spline"创建单元

（1）打开模型文件，如图 4-3 所示。

（2）依次选择"2D"→"spline"，打开"spline"面板。

（3）打开对象切换器，可以看到"nodes""lines""points"选项。使用"spline"功能可以通过这三种方式创建单元。

（4）将对象切换器选择为"nodes"。

（5）选择模型方框处的四个顶点，如图 4-7 所示。

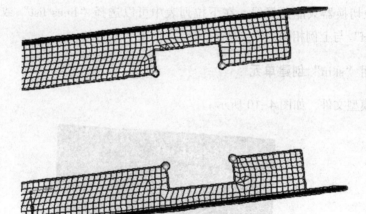

图 4-7 选中模型顶点

（6）选择"mesh，delete surf"删除面，仅保留网格。

（7）单击"create"按钮，生成网格，如图 4-8 所示。

（8）自动进入"automesh"面板，可以根据需要修改单元尺寸或者单元密度等选项。

（9）单击"return"按钮退出"automesh"面板。

（10）单击"return"按钮退出"spline"面板。

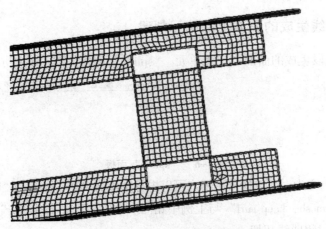

图 4-8 用"spline"命令创建网格

4.1.3 线段生成的曲面上的单元创建

skin：选择线段对曲面进行网格划分。"skin"面板如图 4-9 所示。

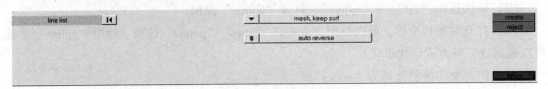

图 4-9 "skin"面板

其中，对象切换器只能选择线，在下拉列表中可以选择"lines list"或者"by path"。"mesh, keep surf"与上例相同。

实例：使用"skin"创建单元

（1）打开模型文件，如图 4-10 所示。

图 4-10 模型文件

（2）依次选择"2D"→"skin"，打开"skin"面板。

（3）对象选择器只能是线，因此选择模型的边线，此时所选择的边线高亮显示，如图 4-11 所示。

图 4-11　选中模型变形

（4）选择"mesh, delete surf"删除面，仅保留网格。

（5）单击"create"按钮，生成网格，如图 4-12 所示。

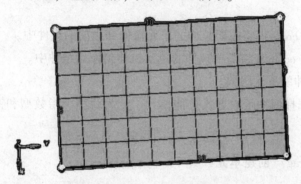

图 4-12　使用"skin"创建单元

（6）自动进入"automesh"面板，可以根据需要修改单元尺寸或者单元密度等选项。

（7）单击"return"按钮退出"automesh"面板。

（8）单击"return"按钮退出"skin"面板。

4.1.4　拉伸命令创建单元

drag：适用于将现有的网格尺寸进行适当延伸。沿着向量拉伸线段、一排节点或一组单元来创建单元。"drag"面板分为两个子面板："drag geoms"面板，如图 4-13 所示；"drag elems"面板，如图 4-14 所示。

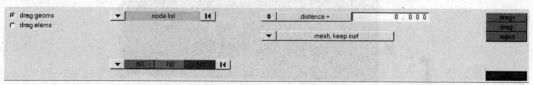

图 4-13　"drag geoms"面板

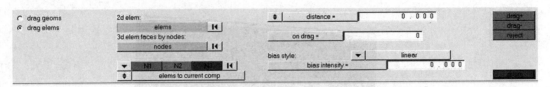

图4-14 "drag elems" 面板

打开 "drag" 面板, 选择 "drag geoms", 其对象切换器可以根据用户实际需求在 "node list" 和 "lines list" 之间进行切换。

"N1" "N2" "N3" 可以为拉伸指定拉伸方向。

"distance" 既可以指定拉伸距离, 又可以根据左侧切换器指定与 "N1" "N2" "N3" 相关的距离设置。

"mesh, keep surf" 与上例功能相同。

"drag+" 为沿着指定方向的正方向拉伸一定距离, "drag-" 为沿着指定方向的负方向拉伸一定距离。

打开 "drag" 面板, 选择 "drag elems", 其中 "2d elem" 为目标单元, 即要拉伸的单元, 如图4-14所示。

"elems to current comp" 将需要拉伸的单元拉伸到当前的组件中。

"elems to original comp" 将需要拉伸的单元拉伸到原始组件中。

"on drag" 为拉伸的单元层数。

"bias style" 为选择何种函数方式拉伸单元。分为线型、指数型和钟型, 用户可以根据实际需求进行选择。

实例: 使用 "drag" 创建单元

(1) 使用上例所用模型。

(2) 依次选择 "2D" → "drag", 打开 "drag" 面板。

(3) 选择 "drag geoms", 选中模型前排节点, 如图4-15所示。

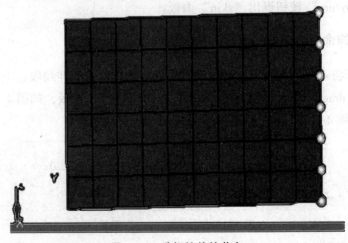

图4-15 选择拉伸的节点

（4）将方向切换器切换为 Y 轴。

（5）在"distance"中填写"40"，此时表示将沿着 Y 轴拉伸 40 的距离。

（6）选择"mesh, delete surf"删除面，仅保留网格。

（7）单击"drag+"铵钮，网格生成结果如图 4-16 所示。

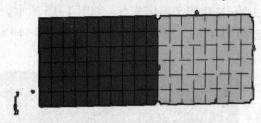

图 4-16 拉伸结果图

（8）自动进入"automesh"面板，可根据需要修改单元尺寸或者单元密度等选项。

（9）单击"return"按钮退出"automesh"面板。

（10）单击"return"按钮退出"drag"面板。

4.1.5 旋转命令创建单元

spin：通过围绕轴线旋转一条线段、一组节点或一组单元来创建单元。"spin"面板如图 4-17 所示。

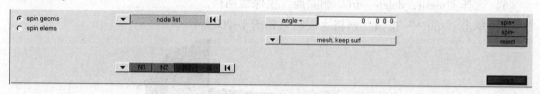

图 4-17 "spin"面板

打开"spin"面板，选择"spin geoms"。根据用户实际需求，对象切换器可以选择"node list"和"lines list"。

"N1""N2""N3"可以指定旋转的方向，也可以在下拉列表中根据坐标轴进行设置。"B"为旋转的中心，即旋转基点。

"angle"可以设置旋转的角度。

"spin+"为围绕旋转中心和旋转基点进行正方向的旋转，"spin-"为围绕旋转中心和旋转基点进行负方向的旋转。

"on spin"为沿着旋转面产生的网格的层数。

其余命令（图 4-18）与"drag"面板中的"drag elems"命令相同，详细可参考 4.1.4 节中相关介绍。

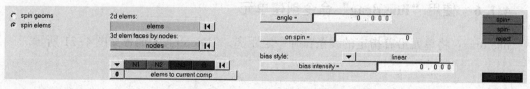

图 4-18 "spin elems"面板

实例：使用"spin"创建单元

（1）使用上例所用模型。

（2）依次选择"2D"→"spin"，打开"spin"面板。

（3）选择"drag geoms"，选中模型前排节点，如图 4-15 所示。

（4）将方向切换器选择为 X 轴，旋转基点 B 选择为图 4-19 中模型中间的节点所示位置。

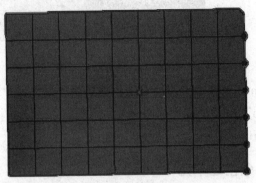

图 4-19　选中旋转基点

（5）设置"angle"为 60 度。

（6）选择"mesh，delete surf"删除面，仅保留网格。

（7）单击"spin+"按钮，网格生成结果如图 4-20 所示。

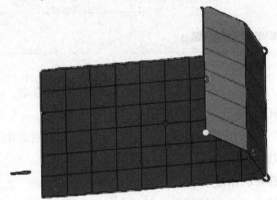

图 4-20　使用"spin"创建网格

（8）自动进入"automesh"面板，可以根据需要修改单元大小或者单元密度等选项。

（9）单击"return"按钮退出"automesh"面板。

（10）单击"return"按钮退出"spin"面板。

4.1.6　使用"line drag"命令创建单元

line drag：将单元沿着指定的线条拉伸一定距离。"line drag"面板如图 4-21 所示。

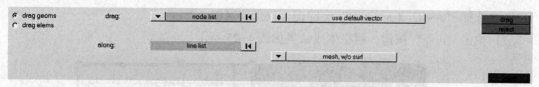

图 4-21 "line drag" 面板

打开 "line drag" 面板，选择 "drag geoms"。对象切换器可以根据用户实际需求在 "node list" 和 "line list" 之间进行切换。

"along" 为拉伸方向。选择沿着几何面的线条进行拉伸。

拉伸向量可以根据系统默认的 "use default vector" 或者用户根据实际需求切换为自定义设置。

"drag elems" 可以选择单元沿着指定的线条和指定方向进行拉伸，如图 4-22 所示。

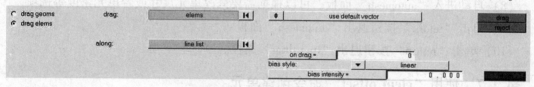

图 4-22 "drag elems" 面板

实例：使用 "line drag" 创建单元

（1）使用上例模型。

（2）依次选择 "2D" → "line drag"，打开 "line drag" 面板。

（3）选择 "drag geoms"，选中模型前排节点，如图 4-23 所示。

图 4-23 点和线的选择

（4）选择 "along line list"，选择图 4-23 所示模型线条。

（5）将 "use default vector" 切换为 "N1" "N2" "N3" "B"。选中图 4-24 所示的 "N1" "N2"，这时由 N1 指向 N2 方向即为拉伸方向。

图 4-24 方向的选择

（6）选择"mesh, delete surf"删除面, 仅保留网格。

（7）单击"drag"按钮, 网格生成结果如图 4-25 所示。

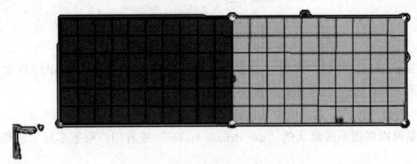

图 4-25　使用"line drag"创建网格

（8）自动进入"automesh"面板, 可以根据需要修改单元尺寸或者单元密度等选项。

（9）单击"return"按钮退出"automesh"面板。

（10）单击"return"按钮退出"line drag"面板。

4.1.7　使用"elem offset"命令创建单元

实例：使用"elem offset"创建单元

elem offset: 沿着单元法向偏移一组单元来创建网格。"elem offset"面板如图 4-26 所示。

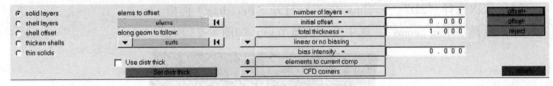

图 4-26　"elem offset"面板

（1）使用上例模型。

（2）依次选择"2D"→"elem offset", 打开"elem offset"面板。

（3）选择"solid layers"（用于二维网格的偏移）。

（4）"elems to offset", 选择所有单元。

（5）"along geom to follow", 选择模型的一个面。

（6）"number of layers", 将要偏移的单元层数, 此时设定为 5 层。

（7）"initial offset", 初始偏移量, 此处设置为 5。

（8）"total thickness", 总的偏移量, 此处设置为 30。

（9）单击"offset+"按钮进行网格偏移, 偏移结果如图 4-27 所示。

图 4-27 使用 "elem offset" 创建网格

(10) 自动进入 "automesh" 面板, 可根据需要修改单元尺寸或者单元密度等选项。

(11) 单击 "return" 按钮退出 "automesh" 面板。

(12) 单击 "return" 按钮退出 "elem offset" 面板。

4.2 自动网格划分与单元检查

在 HyperWorks 中, 大多数二维单元都可用 HyperMesh 的自动划分网格工具 "automesh" 面板进行创建。"automesh" 面板提供丰富的自动网格生成功能, 能够基于几何面或已有的壳单元生成新的二维板壳单元。应用者可以通过菜单 "Mesh-Create-2D Automesh" 或在 2D 主菜单页面下选择 "automesh" 来打开 "automesh" 面板。另外, 也可以通过默认快捷键 F12 进入 "automesh" 面板。

在 "automesh" 面板中, 应用者可以交互式调节多种网格参数和一系列算法。 HyperMesh 可以实时反馈这些参数的影响, 直到网格满足分析要求。应用者也可以交互式地控制每条边的单元和节点生成的数量, 通过节点偏置调节节点疏密度, 指定单元的类型 (包括三角形单元、四边形单元及混合类型), 选择生成一阶单元或二阶单元。生成的单元可以预览, 方便应用者在网格保存到数据库之前进行单元质量评估。

4.2.1 automesh 网格划分

HyperMesh 中最重要的二维网格划分功能就是 automesh 网格划分。本节重点介绍 "automesh" 面板的功能和使用技巧。

(1) "automesh" 面板。

打开 "2D" → "automesh", 进入 "automesh" 面板, 如图 4-28 所示。

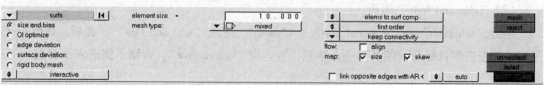

图 4-28 "automesh" 面板

如图 4-29 所示，interactive（交互式），可改变单元大小、类型等；automatic（自动式），单元一旦生成，就不可改变。注意，尽量不用 automatic。

图 4-29 交互式和自动式网格划分

如图 4-30 所示，"element size"，设置网格尺寸的大小，可根据工程实际问题具体分析，尽可能满足一定的计算精度，并且使得网格数量不会增加太多。

quads：四边形网格，在满足一定条件下，使用 automesh 划分网格时，尽可能为四边形，在不可能满足的情况下，会出现三角形单元。

trias：等边三角形网格，使用 automesh 划分网格时，尽可能为等边三角形。

mixed：使用 automesh 划分网格时，为混合网格，既有四边形单元，也有三角形单元。

R-trias：等腰直角三角形。

quads only：使用 automesh 划分网格时，只能出现四边形网格。

advanced：高级设置。

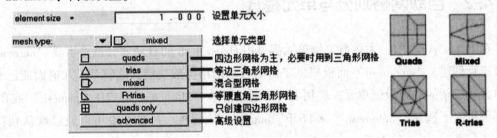

图 4-30 网格的选择及尺寸的设置

如图 4-31 所示，elems to current comp：新生成的单元的位置为当前 comp。

elem to surf comp：新生成的单元的位置为当前零件表面所在 comp。

图 4-31 单元生成设置

注意，如果选择"elems to current comp"，却未设置显示当前 comp 的位置，会出现明明已经生成了网格，却未显示的情况。选择"elems to surf comp"时，也是这样。

如图 4-32 所示，first order 为低阶单元，即不带中间节点的单元。

second order 为高阶单元，即带中间节点的单元。

图 4-32 单元阶次

（2）"size and bias"面板。

单击"automesh"→"size and bias"→"mesh"，进入"size and bias"子面板，如图 4-33 所示。首先选取目标面，使其高亮。注意，要选取"interactive"，否则不能进入子面板。

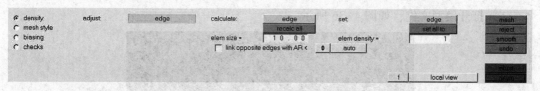

图 4-33 "size and bias" 子面板

elem density：允许用户控制沿边缘的单元密度。

adjust：通过调整单边上的节点数量来调整边上的单元密度。左键/右键单击一次，增加/减少一个节点。

calculate：输入 elem size 数值，调整 edge（单边）或所有边（recalc all）的单元密度。

set：设置 elem density（单元密度），调整 edge（单边）或所有边（set all to）的单元密度。

(3) "mesh style" 面板。

elem type：设置单元类型（图 4-34）。

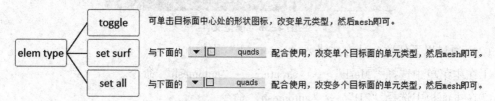

图 4-34 elem type

mesh method：映射类型（图 4-35）。

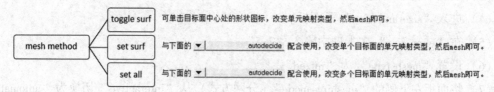

图 4-35 mesh method

"biasing" 面板：

①允许用户控制沿边域单元偏置。单元偏置是一种单元放置方法，使得边缘一头的单元尺寸小，另一头的尺寸逐渐增大。同时，偏置也是一种在具有网格过渡时的提高单元的方法。

②允许用户为每条边设置单元偏置参数。

"checks" 面板：

①允许用户使用与 "check elements" 面板相同的功能，在保存到数据库之前检查所生成单元的质量。

②其检索功能和 "check elements" 是一样的，不合格的网格会以红色显示，仅仅检查被显示的单元。

实例：二维网格划分

步骤 1：划分二维网格，观察网格质量。

（1）打开模型文件，如图4-36所示。

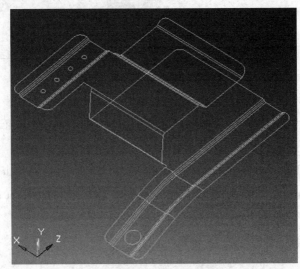

图4-36　模型文件

（2）通过以下任意一种方式进入"automesh"面板。

①在主菜单中选择"Mesh"→"Create"→"automesh"命令。

②在主面板中选择"2D"→"automesh"命令。

③按 F12 快捷键。

（3）设置"对象"选择器类型为"surfs"。

（4）进入"size and bias"子面板。

（5）在"elem size"文本框中输入"2.5"。

（6）设置"mesh type"为"mixed"。

（7）将面板左下侧的"meshing mode"（分网方式）从"interactive"切换为"automatic"。

（8）确认选择"elems to surf comp"选项。

（9）单击"mesh"生成网格，如图4-37所示。

（10）单击"return"按钮返回主面板。

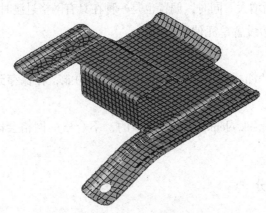

图4-37　二维网格

步骤 2：检查网格质量。

观察已经生成的网格，注意，不规则的、质量差的网格可以使用"check elems"面板检查单元的最小长度。

通过以下任意一种方式进入"check elems"面板。

①在主菜单中选择"Mesh"→"Check"→"Elements"→"check elems"。

②在主面板中选择"Tool"→"check elems"。

③按 F10 快捷键。

进入 2D 子面板，在"length"中输入"1.0"，单击"length"检查单元最小长度。长度小于 1 的单元此时为高亮白色显示，产生问题的单元大多在模型的圆角处。为了更好地观察单元质量，可将模型改为线框显示模式，如图 4-38 所示。单击"return"按钮返回主面板。

图 4-38　网格质量检查结果

步骤 3：移除 4 个小孔。

通过以下任意方式进入"defeature"面板。

①在主菜单中选择"Geometry"→"defeature"命令。

②在主面板中选择"Geom"→"defeature"。

进入"pinholes"子面板，在"diameter"栏中输入"3.0"，选择"surfaces"→"all"，单击"find"按钮，寻找直径小于或等于 3 的小孔，如图 4-39 所示，符合条件的圆孔中心将以高亮×P 符号显示。单击"delete"按钮移除小孔。小孔被删除以后，取代它们位置的是硬点（fixed point）。

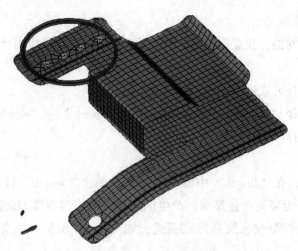

图 4-39 模型中符合搜索条件的小孔

步骤 4：移除模型中所有的面倒圆。

进入"defeature"面板。

进入"surf fillets"子面板。若模型没有被渲染，单击"Shaded Geometry and Surface Edges"（🖤）按钮，在"find fillets in selected"中选择"surfs"。选择"surfaces"→"displayed"，在"minu radius"中输入"2.0"。单击"find"按钮搜索模型中半径大于或等于 2.0 的面倒圆，如图 4-40 所示。单击"remove"按钮移除这些面倒圆。

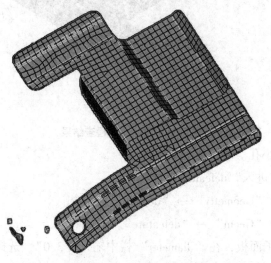

图 4-40 模型中符合搜索条件的面倒圆位置

步骤 5：移除模型中所有边倒圆。

进入"defeature"面板。

进入"edge fillets"子面板。选择"surfaces"→"displayed"，在"minu radius"中输入"1.0"。设置面板下方按钮为"all"，查找所有符合条件的边倒圆。单击"find"按钮搜索模型中所有半径大于或等于 1.0 的边倒圆，满足条件的边倒圆均用×F 标识，如图 4-41 所示，半径线标识圆角起点和终点。单击"remove"按钮移除这些边倒圆。

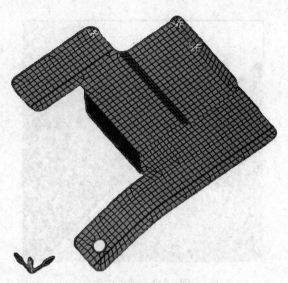

图 4-41 模型中边倒圆的位置

步骤 6：对简化后的模型进行网格划分并检查网格质量。

进入"automesh"面板。

选择"surfaces"→"displayed"。单击"mesh"，观察网格排列是否整齐，网格如图 4-42 所示。

改善几何模型的拓扑结构，提高网格质量。

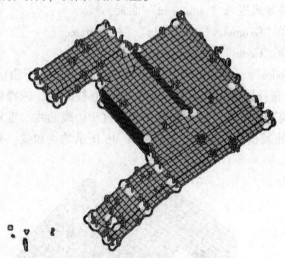

图 4-42 模型简化后二维网格

步骤 7：重置硬点，消除短边。

通过以下任意一种方式进入"point edit"面板。

①在主菜单中选择"Geometry"→"Edit"→"Fixed Points"→"Replace"命令。

②在主面板中选择"Geom"→"point edit"。

进入"replace"子面板，将选择框设置为"moved points"，选择图 4-43 所示的硬点。选中删除点后，将激活"retain"按钮，选择图 4-43 中所示保留点。单击"replace"按钮将两个点合并在一起。

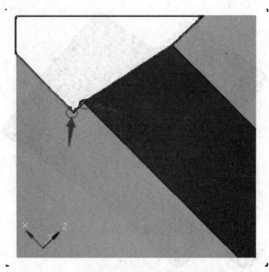

图4-43　硬点位置

步骤8：去除面内所有硬点。

从"point edit"中进入"surppress"面板。压缩步骤3中移除圆孔所遗留的硬点。注意，在给定的单元尺寸下，这4个硬点对单元的质量影响并不十分明显，是可以保留的。单击"return"按钮返回主面板。

步骤9：在曲面上添加边，以调整网格样式。

通过以下任意一种方式进入"point edit"面板。

①在主菜单中选择"Geometry"→"Edit"→"Surfaces"→"Trim with Nodes"命令。

②在主面板中选择"Geom"→"point edit"。

进入"trim with nodes"子面板。在"node normal to edge"下激活"node"选择框。放大，如图4-44所示，选择硬点。此时"lines"选择框被激活，选择图4-44所示的线。当点和线被选中后，在模型硬点处将自动创建一条垂直于边线的线。重复前面的操作，选择图4-45所示的点和线；重复前面的操作，选择图4-46所示的点和线；重复前面的操作，选择图4-47所示的点和线。

图4-44　硬点及线位置1

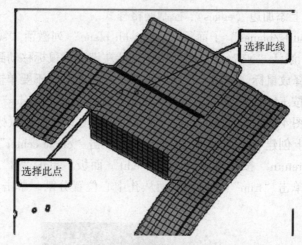

图 4-45 硬点及线位置 2

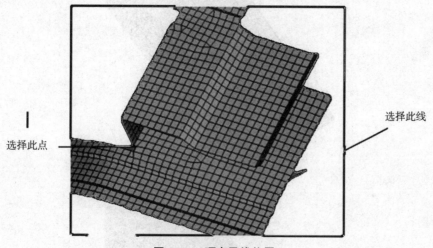

图 4-46 硬点及线位置 3

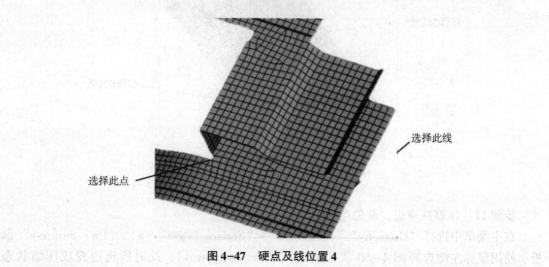

图 4-47 硬点及线位置 4

步骤 10：在曲面上添加边（edges），控制网格样式。

进入"trim with surfs/planes"子面板，在"with plane"列激活"surfs"选择框，选择图 4-48 所示的曲面。激活"N1"选择框，按住鼠标左键并将鼠标移动到图 4-49 所示的边，待光标发生变化时再释放鼠标。在边上任意单击两个点，注意，不要单击第三次，线上出现 N1 和 N2 两个节点。按 F4 键进入"distance"面板，选择"three nodes"子面板。按住鼠标左键并将鼠标移动到图 4-48 所示的孔边上，待光标发生变化时释放鼠标。在孔边界上任意单击 3 个点，将在线上创建 N1、N2、N3 三个节点。单击"circle center"按钮在孔的圆心创建一个节点。单击"return"按钮返回"surface edit"面板。单击"B"按钮，选择孔中心处的节点作为基点。单击"trim"按钮，曲面从孔中心位置分割。单击"return"按钮返回主面板。

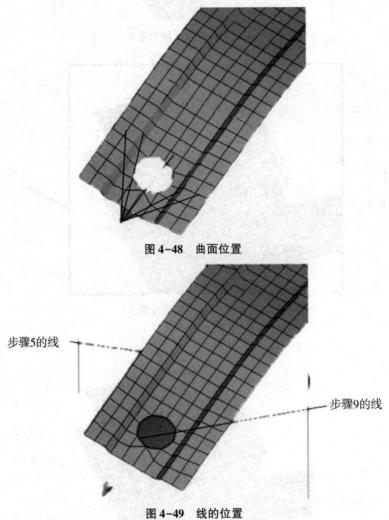

图 4-48　曲面位置

步骤5的线

步骤9的线

图 4-49　线的位置

步骤 11：压缩共享边，避免产生小边界。

在主菜单中选择"Geometry"→"Edit"→"Surface Edges"→"（Un）Surpress"面板。使用鼠标左键选择图 4-50 所示的边。单击"surppress"，此时所选边变成压缩状态（蓝色）。单击"return"按钮返回主菜单。

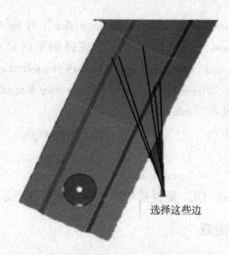

选择这些边

图4-50 线的位置

步骤12：重新划分网格。

在自动模式（interactive）、单元尺寸为2.5、网格类型为混合型（mixed）的条件下重新划分网格模型。

进入"automesh"面板。设置"对象"选择器类型为"surfs"。进入"size and bias"子面板，在"element size"栏中输入"2.5"，设置"mesh type"为"mixed"。将面板左下侧的分网方式从"automesh"转换为"interactive"，确认选择"elems to surf comp"选项，选择"surfaces"→"displayed"。单击"mesh"按钮重新生成网格，如图4-51所示。

图4-51 重新生成网格

步骤13：检查网格质量。

选择、缩放和移动模型，检查模型网格质量，注意现在的网格是否整齐。

按F10键进入"check elements"面板。进入"2-d"子面板，在"length"栏中输入"1.0"，单击"length"评估模型单元最小长度。只有两个单元合格，它们是由模型的形状引起的，与全局单元尺寸相比，它们不是太小，因此可以保留，不必处理。按F12键进入"automesh"面板。选择"QI optimize"子面板，确认"elem size"值为"2.5"，"Mesh Type"

为"mixed"，单击"edit criteria"。在"target element size"处输入"2.5"，单击"apply"和"OK"按钮，选择"surfaces"→"displayed"，选择图形区显示所有面。单击"mesh"按钮。如果出现信息"There is a conflict between the user requested element size and quality criteria ideal element size"，单击"Recomptue quality criteria user size of 2.5"按钮。

通过以下任意一种方式进入"quality index"面板。

①在主菜单中选择"Mesh"→"Check"→"Elements"→"quality index"，进入"quality index"面板。

②在主面板中选择"2D"→"quality index"。

进入"pg1"，核实"Comp. QI"是否是0.01。此值越低，表示划分网格质量越好。

4.2.2 2D 单元质量检查

有限元网格的质量决定着仿真结果的精确程度，软件中提供2D单元质量检查工具，可以根据设定的质量标准（如雅可比、长宽比等）检查出不符合要求的单元，并对失败单元进行修改。接下来介绍如何进行单元质量检查及失败单元修复。

选择"Tool"→"check elems"，打开单元质量检查面板，选择"2-d"，如图4-52所示。

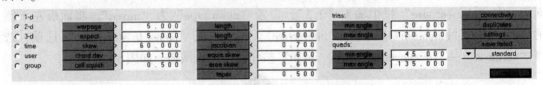

图 4-52　2D 单元质量检查面板

warpage：单元翘曲度。该项检查四边形单元的翘曲度，将四边形沿着对角线分为两个三角形，这两个三角形的法向夹角即为翘曲度，即单元偏离平面的量。由于3点形成平面，当四边形的一个角点与其他3个角点不在同一平面上时，则形成翘曲。一般地，可接受小于5°的翘曲量。

aspect：检查单元的纵横比，即单元最长边与最短边之比。一般地，纵横比应小于5。

skew：检查单元的扭曲度。三角形单元的扭曲角定义为：单元任意一边的中线与其余两边中点连线所成最小夹角的余角，即$90°-\min\{\alpha_1, \alpha_2, \alpha_3\}$。四边形单元的扭曲角定义为：单元对边中点连线所成最小夹角的余角，即$90°-\min\{\alpha_1, \alpha_2\}$，如图4-53所示。

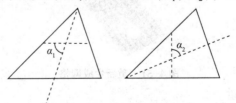

图 4-53　单元扭曲度检查示意图

chord dev：检查表面单元偏离真实曲面的程度，即弦差。曲面可以用许多小的平面来近似，弦差即为单元各边的中点与该点在对应面上的投影点的距离。

length<：检查单元的最小边长。

length>：检查单元的最大边长。

jacobian：检查单元偏离理想形状的程度，即雅可比（Jacobian）值，雅可比值的范围为从0到1，1表示理想形状。HyperMesh在每个单元的高斯积分点或角节点计算雅可比矩阵的行列式，并且输出最小值与最大值之比，即雅可比值。通常认为大于0.7的比值是可以接受的，而小于0的比值表示一个凹面单元，这将导致收敛问题。

taper：检查四边形单元偏离矩形的程度。四边形可由对角线分为两个区域，如图4-54所示。

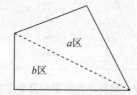

图4-54 单元锥度检查示意图

taper按下式定义：

$$taper = 1 - \left(\frac{A_{tri}}{0.5 \times A_{quad}} \right)_{min}$$

式中，A_{tri}为单个三角形区域的面积；A_{quad}为四边形的面积。

可见，当taper接近0时，四边形近似为矩形，特别地，规定三角形的taper值为0。

min angle<：检查单元的最小内角。

max angle>：检查单元的最大内角。

实例：2D单元的网格质量检查

首先启动软件，打开图4-55所示有限元模型，该模型由壳单元组成，从图中可以看到可能存在缺陷的地方有两处。

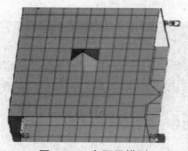

图4-55 有限元模型

进入2D主菜单，找到图4-56所示箭头指的"qualityindex"按钮，单击打开进入质量检查界面，可以查找不符合要求的单元。

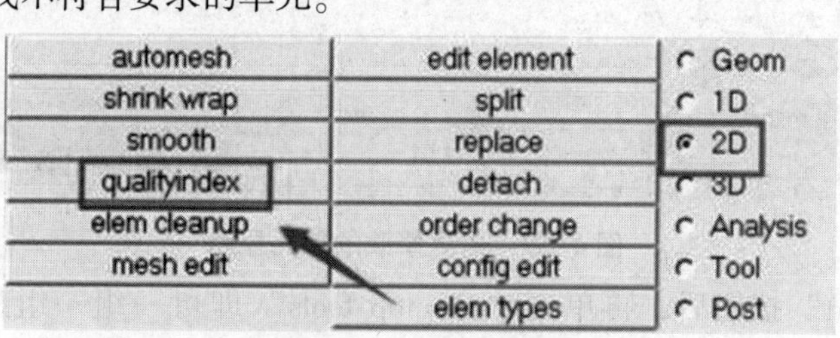

automesh	edit element	○ Geom
shrink wrap	split	○ 1D
smooth	replace	● 2D
qualityindex	detach	○ 3D
elem cleanup	order change	○ Analysis
mesh edit	config edit	○ Tool
	elem types	○ Post

图4-56 单元质量检查

进入质量检查面板后，可以勾选需要检查的选项。同时，可以根据需要对后方具体数值进行设置。数值指的是界限，对于某一参数，可能是最低限度，也可能是最高限度，如图 4-57 所示。

page 1	# fail	% fail	⬍ worst	fail value	threshold
☑ min size	0	0.0	***	0.6	0.600
☑ max size	0	0.0	***	6.0	6.000
☑ aspect ratio	0	0.0	***	5.0	5.000
☑ warpage	0	0.0	***	15.0	15.000
☑ skew	0	0.0	***	40.0	40.000
☑ jacobian	0	0.0	***	0.6	0.600

图 4-57　相关单元质量检查参数的设置

单击图 4-58 所示箭头所指按钮，可以进行翻页，显示下一页的质量检测项目。根据需要勾选及设置，勾选后表示会进行该项的检测。

page 2	# fail	% fail	⬍ worst
☑ max angle quad	0	0.0	***
☑ min angle quad	0	0.0	***
☑ max angle tria	0	0.0	***
☑ min angle tria	0	0.0	***
☐ chordal dev.	***	***	***
☑ # of trias	0	0.0	

图 4-58　单元质量检查面板翻页操作

选中要检测的类型后，不符合要求的单元会用不同颜色显示。如图 4-59 所示，这里有两个单元因雅可比不符合要求，因而需要修改。

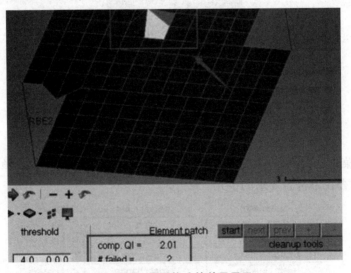

图 4-59　需要修改的单元显示

此时单击"start"按钮后，再单击"cleanup tools"即可一组一组显示有问题的单元，并打开单元修改工具，如图 4-60 所示。

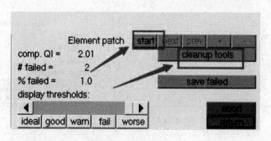

图 4-60　单元修改

单击 "start" 按钮即可将错误单元一组一组显示，只显示失败单元及附近的单元，单击图 4-61 所示箭头所指两个按钮，可以查看下一组或前一组出错单元。因为本例中只有这一组错误，所以单击箭头所指按钮并不会切换到下一处。

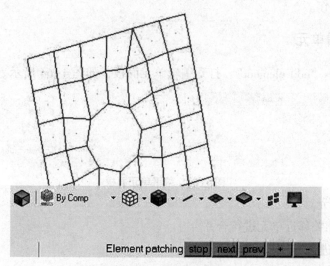

图 4-61　单元修改操作

单击 "cleanup tools" 可以打开修复工具，如图 4-62 所示，这里不能通过工具中的 "element optimize"（自动优化）进行修复，只能通过 "split quad element"（分割单元）进行修复。选中该工具后，即可单击要修复的单元进行修复。面板上的其他修复工具可以根据单元具体问题进行选用。

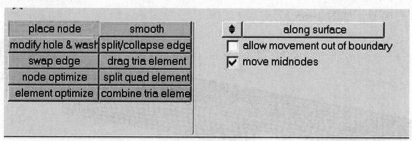

图 4-62　单元修复

单击图 4-63 中箭头所指的按钮 "QI settings"，即可关闭 "cleanup tools"，返回质量检查设置界面。

图 4-63　单元修改操作

4.3　2D 单元的编辑

2D 单元的编辑，是对已经划分的 2D 单元进行相关修改、调整、优化或者满足特定条件下的网格的相关操作。

4.3.1　编辑单元

选择 "2D" → "edit element"，打开编辑单元面板，如图 4-64 所示。

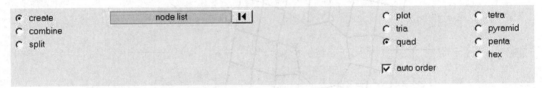

图 4-64　编辑单元面板

creat：创建单元。

combine：对相关邻近单元进行合并。

split：对单元进行切分。

node list：节点选择器。

tria：将对象选择为三角形单元。

quad：将对象选择为四边形单元。

实例：通过编辑单元面板对单元进行创建

（1）打开模型，如图 4-65 所示。

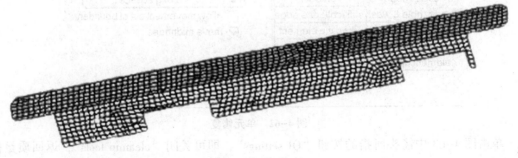

图 4-65　打开模型

（2）选择"create"进行单元的创建；选择"quads"，即所要创建的网格为四边形网格。

（3）选择图 4-66 所示的节点，当第 4 个节点被选中时，会自动创建好网格。

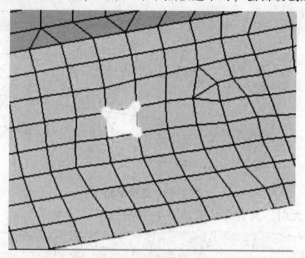

图 4-66　选择节点

所创建的单元如图 4-67 所示。

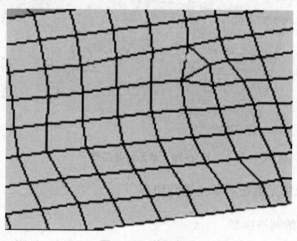

图 4-67　单元创建

实例：通过编辑单元面板对单元进行合并

（1）选择上例中的网格模型。

（2）选择"combine"对单元进行合并。打开"combine"子面板，如图 4-68 所示。

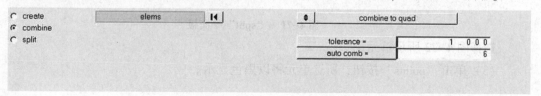

图 4-68　"combine"子面板

其中，"auto comb" 为进行自动合并的单元个数，可人为调整，此处以 6 个为参考。

（3）选择图 4-69 所示的单元。由于选择第 6 个单元时会自动出现合并，因此，为了给读者展示，此处仅选择 5 个单元。

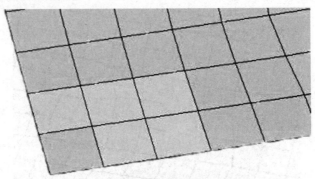

图 4-69　选择单元

当选择第 6 个单元时，其合并结果如图 4-70 所示。

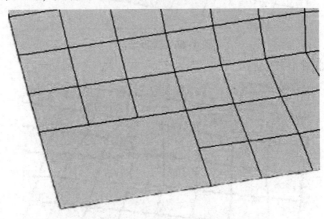

图 4-70　单元合并结果

实例：通过编辑单元面板对单元进行切分

（1）选择上例中的网格模型。

（2）选择 "split" 对单元进行切分。打开 "split" 子面板，如图 4-71 所示。

图 4-71　"split" 子面板

选择图 4-72 所示单元。

（3）单击 "points" 按钮，所选单元将以黑色显示。

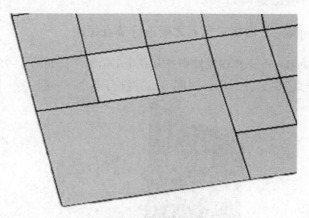

图 4-72 单元选择

（4）选择单元的一个顶点，按住鼠标左键进行拉伸，单元将会被所拉的直线切割，单击"split"或者按住鼠标左键，其切割结果如图 4-73 所示。

注意：选择拉伸的点一定要超过单元的顶点。

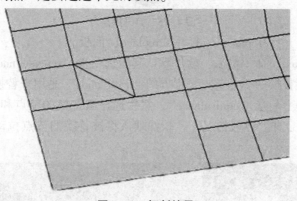

图 4-73 切割结果

4.3.2 节点替换

网格划分结束后，要对所划分的网格进行检查，避免出现不应存在的自由边。当两条相邻边的网格出现节点相互错开时，使用节点替换将是一个非常实用和有效的解决办法。

选择"2D"→"replace"，打开"replace"面板，如图 4-74 所示。

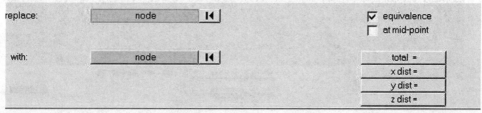

图 4-74 "replace"面板

replace：node，需要被替换的节点。

with：node，用来替换的节点。

equivalence，两个互相替换节点之间的等效。在节点替换过程中，可能会出现很小的缝隙，此时选择"equivalence"可以避免此类情况发生。

实例：通过"replace"面板对单元之间进行节点替换

（1）启动"HyperMesh"，并在软件中打开一个 hm 文件，如图 4-75 所示，其中包含两个部件，部件之间垂直 90°，并且部件之间节点并没有耦合在一起。

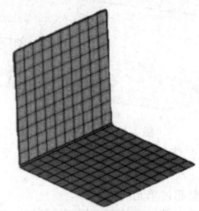

图 4-75　打开模型

（2）选择"2D"→"replace"，打开"replace"面板。

（3）进入"replace"命令栏后，软件默认起始选项为"replace：node"。

（4）可以选择要替换的单元节点，下方的"with：node"是用来替换的节点。

（5）在网格模型上勾选"equivalence"，然后选择被替换的节点和要替换的节点，这样软件就会自动将节点合并。一般情况下，软件默认将被替换的节点拉动至要替换的节点处。如图 4-76 所示。

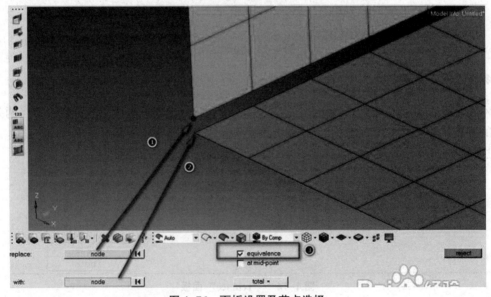

图 4-76　面板设置及节点选择

用户可以根据自己的需要将"equivalence"下面的选项"at mid-point"选中，这样软件就会将生成的新节点放在两个节点之间的中间点处，大家在操作时一定要注意。

三维（3D）网格划分

■■\ **本章内容** ----

　　复杂几何体的三维网格划分是有限元分析工作中经常会遇到的工作，本章依次介绍了
3D 实体创建及实体网格创建方法、曲面创建及网格划分方法、四面体网格划分方法及 CFD
网格划分方法，通过工程实例对以上内容进行讲解，使读者能够熟练掌握 3D 网格划分
技术。

■■\ **学习目的** ----

　　学习 3D 实体创建及实体网格创建。

　　学习曲面创建及网格划分。

　　学习四面体网格划分。

　　学习 CFD 网格划分。

5.1　3D 实体创建及实体网格创建

3D 网格划分时，需要进入图 5-1 所示的"3D"面板界面进行操作。

solid map	drag		tetramesh	edit element	○ Geom
linear solid	spin	connectors	smooth	split	○ 1D
solid mesh	line drag		CFD tetramesh	replace	○ 2D
	elem offset			detach	⊙ 3D
				order change	○ Analysis
				config edit	○ Tool
				elem types	○ Post

图 5-1　"3D"面板界面

　　solid map：在节点、线和曲面间创建实体单元，通过定义原始面、目标面和引导面来创
建实体。

linear solid：在平面单元的两个组之间创建实体单元。

solid mesh：在由可变数量的边线定义的实体内创建实体单元。

drag：沿一个矢量拉伸一组 2D 单元创建实体单元。

spin：把一组 2D 单元绕某一个矢量旋转，以创建实体单元。

line drag：沿一条曲线拉伸一组 2D 单元来创建实体单元。

elem offset：把一组 2D 单元沿它们所构成的曲面的法线方向偏置生成实体单元。

edit element：手工创建单元。

split：扩展切割六面体（自动切割相连的一列六面体）。

tetramesh：填充封闭曲面围成的实体生成一阶或二阶四面体。

本节将从实体映射、线性实体、实体网格创建、多层板和壳单元的创建这四个部分来介绍如何进行 3D 实体创建及实体网格创建。

5.1.1 实体映射

本部分将从实体拓扑和可映射性两部分来介绍实体映射的含义。

1. 实体拓扑

（1）拓扑关系。

拓扑（Topology）描述了实体几何间的连接关系，这种连接关系将被映射到剖分完毕的有限元网格上。与 2D 拓扑类似，在 HyperMesh 前处理环境中，3D 拓扑也有其独有的显示方式，如图 5-2 所示。

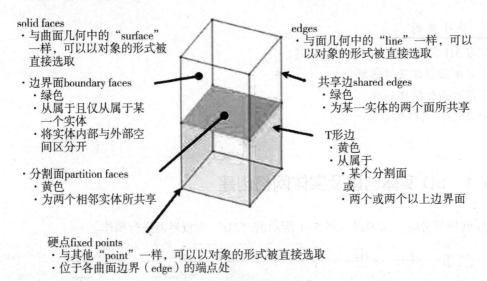

图 5-2 实体几何拓扑状态

（2）显示方式。

3D 拓扑的显示方式由"Visualization"进行控制，如图 5-3 所示。

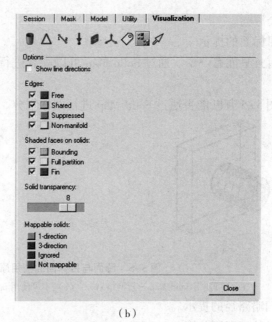

（a）

（b）

图 5-3 显示方式

（a）位置；（b）颜色显示

2. 可映射性

（1）可映射性的定义。

1）原则。

①在该实体的表面，至少能找到两个具有类似拓扑结构的对应面（源面和目标面）。

②在该实体的表面，至少可以找到一个面，将源面及目标面直接连接起来。

2）概念。

①源面（source face）。

②目标面（destination face）。

③扫略路径（along faces）：保证源面和目标面之间扫略体的封闭性。

④扫略方向（drag direction）：由源面指向目标面的方向向量。

具体如图 5-4 所示。

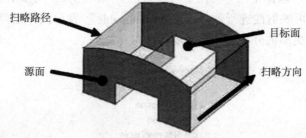

图 5-4 可映射的形状

（2）可映射性的提示。

① 关于源面的提示。

源面可以由若干个面组成，如果有两个或两个以上的源面之间通过共享边连接，那么需要对这些共享边进行压缩操作（"Geom"→"Edge Edit"→"（Un）Suppress"），将多个源面合成一个源面。

②关于目标面的提示。

目标面有且只能有一个。通过 Solid Map 可以顺利进行网格剖分，长方体仅有一端被切分为多个面。

可参照图 5-5 判断能否通过 Solid Map 进行网格划分。

（a）　　　　　　　　　　　　　　　　　　（b）

图 5-5　源面与目标面的使用原则

（a）可使用 Solid Map 进行网格划分；（b）不可使用 Solid Map 进行网格划分

③关于扫略路径的提示。

扫略路径使用原则如图 5-6 所示。

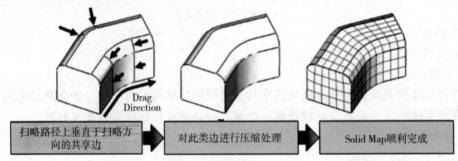

图 5-6　扫略路径使用原则

（3）可映射性的具体解释。

①可映射性颜色显示。

可映射性颜色显示如图 5-7 所示。其中"1-direction"表示该体是一个方向上可映射的；"3-direction"表示该体是三个方向上可映射的（非常少）；"Ignored"表示该体还没有被编辑，因此没有对可映射性进行评估；"Not mappable"表示该体已经被编辑，但是还是完全无法映射（需要更多的分割后才能变成可映射体）。

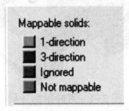

图 5-7　可映射性颜色显示

②具体解释。

可映射性颜色如图 5-8 所示。其中，图 5-8（a）中的立方体是三个方向可映射的，图 5-8（b）中显示如果在一个顶角切开，该体就变成了一个方向可映射，并且切下的顶角如果不进一步分割，则是无法映射的。

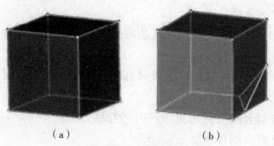

（a）　　　　　　　　　　（b）

图 5-8 可映射性颜色举例

（a）三个方向可映射；（b）一个方向可映射

5.1.2 线性实体

本部分介绍线性实体创建的含义。

1. 概念

线性实体面板允许在两组板元件之间创建实体元件。

2. 介绍（表 5-1）

表 5-1 线性实体面板指令及作用

指令	作用
elems	1. 指示起始单元； 2. 指示通过在模型中选取这些单元来结束或再次单击"elems"并在扩展实体选择菜单中选择
alignment	选择线的对齐方式： 利用一个单元上 3 个节点（N_1、N_2、N_3）与另一个单元上对应的 3 个节点（N_1、N_2、N_3）将两单元线性对齐
distribute layers / specify layers	在自动分配生成或指定位置之间进行选择切换
density =	在使用分配层选项时显示，指定在两组单元之间创建的数目
node list	在使用指定层选项时显示，选择定义要创建的层的节点序列，第一个节点是 from：单元，最后一个节点是 to：单元的对应节点
bias style	在使用分配层选项时显示，在线性、指数或贝尔曲线偏置中使用选择切换，这影响拖动过程中创建单元的间距
bias intensity	在使用分配层选项时显示，设置偏置效应的强度，零值表示根本没有偏置

5.1.3 实体网格创建

在创建实体网格的工作中，既可以使用闭合曲面创建实体网格，也可以使用完整的实体几何创建实体网格。与闭合曲面相比，使用实体几何作为操作对象更具优势：创建网格时，仅需选择该实体对象并指定扫略源面和目标面即可，在两个实体几何的连接处，几何连续性将保证得到的网格是连续的，因此本部分将说明如何进行实体网格创建。

1. 实体几何模型分块策略

只有相对简单的实体可以被网格化，复杂的实体必须首先被划分成更简单的实体，使各个部分可以单独划分。

对部件分块的过程中，在保证每个子块具有 mappable shape 的前提下，尽量减少子块数量，因为更少数量的分块意味着：

（1）工程师在网格剖分阶段付出更少的时间与精力。

（2）每个分块具有更大的体积。

（3）给予用户网格尺度控制上更大的灵活性。

（4）避免被迫使用过小单元。

具体几何分块与网格模型的区别如图 5-9 所示。

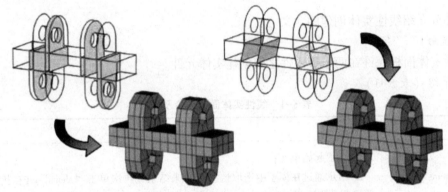

图 5-9　几何分块与网格模型

预制端面网格，帮助控制质量更高的三维网格。端面网格预制如图 5-10 所示。

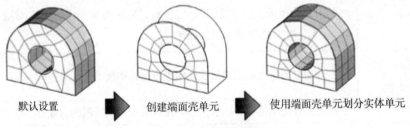

默认设置　　　　　创建端面壳单元　　　　　使用端面壳单元划分实体单元

图 5-10　端面网格预制

分块时保证相邻部分具有共享面，以保证生成三维网格的连续性。网格划分次序如图 5-11 所示。

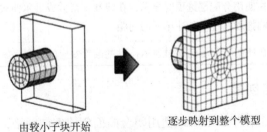

由较小子块开始　　　　　逐步映射到整个模型

图 5-11　网格划分次序

扫略路径上的单元必须保证为四边形。扫略路径上的网格要求如图 5-12 所示。

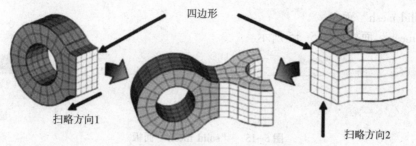

图 5-12　扫略路径上的网格要求

2. "solid map" 子面板

该面板还提供了针对各个子块进行扫略源面二维网格划分，以二维网格作为引导，完成三维网格划分的功能。与 "automesh" 面板下的二维网格控制功能类似，该面板也提供了对该源面的二维网格进行单元尺寸、单元数量等参数控制，以帮助用户生成更高质量的引导网格，如图 5-13 所示。其中，只要选择的实体是可映射的 "one volume" 和 "multi solids"，可以直接在实体上自动创建三维网格。

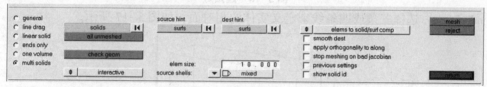

图 5-13　"solid map" 子面板

multi solids：该功能提供了针对多个几何子块进行一次性实体网格划分的功能。选择各个子块并单击 "mesh" 后，HyperMesh 会显示出各个子块的划分次序，以及每一个子块的扫略方向，并提供用户查看和编辑功能。

（1）solid map panel 概述。

1）进入 "solid map panel"。

① 通过主菜单栏选择 "3D" → "solid map"。

② 通过下拉式菜单选择 "Mesh" → "Create" → "Solid Map Mesh"。

2）solid map panel 功能。

① 在一个或更多实体上构建六面体/五面体单元的网格。

② 可自由选取待划分的实体。

③ 分网过程针对单个实体进行，可以更好地控制网格形态与质量。

（2）general。

通过所有可能的入口控制来获得最大的可塑性，如图 5-14 所示。

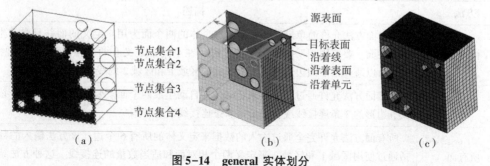

图 5-14　general 实体划分

（a）节点集合；（b）线、面及单元；（c）实体单元

3. "solid mesh" 面板

"solid mesh" 面板如图 5-15 所示。

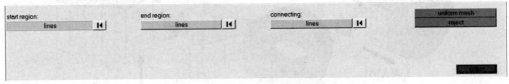

图 5-15 "solid mesh" 面板

start region：选择实体的三条或四条线来定义实体的第一个面，如图 5-16 所示。

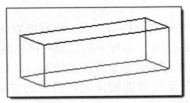

图 5-16 起始域

end region：选择三条或四条线来定义实体的相对面，如图 5-17 所示。

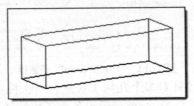

图 5-17 终止域

connecting：选择连接两个面的三条或四条线，如图 5-18 所示。

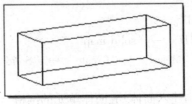

图 5-18 连接

"solid mesh" 面板允许在边缘线定义的五边形或六边形的体中创建网格。"solid mesh" 面板需要在结合发生之前定义一个体，可以使用的方法有表 5-2 所示的三种。

表 5-2 定义体的方法

方法	描述
相对面	相对面方法允许简单定义一个体，这个体的两个面为用户定义的面并且自动生成 4 个线性面。要使用相反的面定义体，必须在空间中定义有两个相对面的体的两个区域，可以通过指定四边形面或三角形面的区域 1 和区域 2 的线来完成
连接面	连接面方法允许通过四个面来定义体并自动生成两个面。要使用这种方法，必须定义五边形的 3 条连接线或六边形的 4 条连接线来定义体
所有面	所有面方法允许完全通过输入的数据来定义体的所有 6 个边。该方法输入的数据包括通过使用区域 1 和区域 2 来定义两个相对面和适当数量的连接线。这种方法结合了前面两种方法

5.1.4 多层板、壳单元的创建

本部分介绍多层板、壳单元的创建。利用"automesh"面板创建壳单元网格，控制网格模式。通过以下任一种方式进入"automesh"面板：

①从主菜单选择"Mesh"→"Create"→"2D AutoMesh"命令，进入"automesh"面板。
②按 F12 快捷键。

5.2 曲面创建及网格划分

本节将从拖动创建、旋转创建、线拖动创建这三个部分来介绍如何进行曲面创建及网格划分。

5.2.1 拖动创建

本部分介绍拖动创建的含义。

1. 概念

拖动面板允许通过拖动一系列节点或线来创建面或网格，或是通过拖动选定单元来创建单元，沿着指定的方向拖动选定的实体就可以沿着该向量创建网格、面或单元了。

2. 实例（图 5-19）

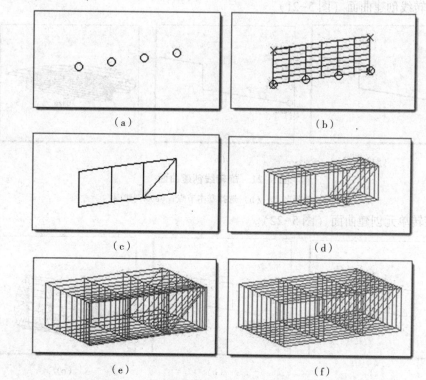

（a）

（b）

（c）

（d）

（e）

（f）

图 5-19 拖动实例

（a）选择节点；（b）拖动节点；（c）选择网格；（d）拖动网格；（e）这个图中的单元是通过使用带有正偏置强度值的"drag+"来创建的；（f）这个图中的单元没有使用偏置

5.2.2 旋转创建

本部分介绍旋转创建的含义。

1. 概念

旋转面板允许关于一个方向创建一个圆形结构，通过旋转一系列节点、一条线或几条线、一组单元来创建一个面或网格或单元。

2. 实例

（1）旋转节点创建曲面（图 5-20）。

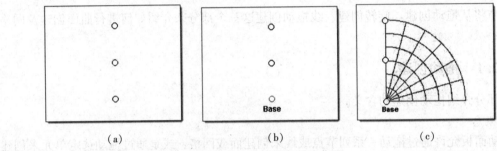

（a）　　　　　　　　（b）　　　　　　　　（c）

图 5-20　旋转节点创建曲面

（a）选择节点；（b）选择基本节点；（c）创建面

（2）旋转线创建曲面（图 5-21）。

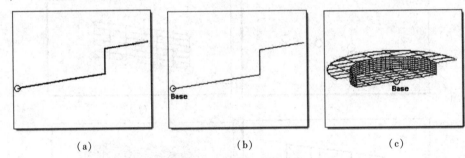

（a）　　　　　　　　（b）　　　　　　　　（c）

图 5-21　旋转线创建曲面

（a）选择节点；（b）选择基本节点；（c）创建面

（3）旋转单元创建曲面（图 5-22）。

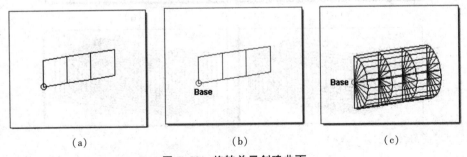

（a）　　　　　　　　（b）　　　　　　　　（c）

图 5-22　旋转单元创建曲面

（a）选择节点；（b）选择基本节点；（c）创建面

（4）旋转一组元单元创建曲面（图 5-23）。

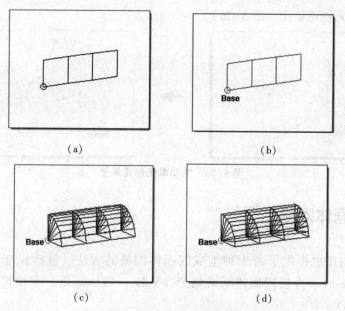

图 5-23　旋转一组元单元创建曲面

（a）选择单元；（b）选择基本节点；（c）通过使用"spin+"来创建具有负偏置值的单元；（d）没有偏置值的单元

5.2.3　线拖动创建

本部分介绍线拖动创建的含义，如图 5-24 所示。

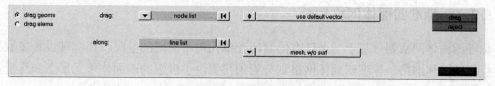

图 5-24　线拖动面板

1. 概念

线拖动面板允许沿着另一条线通过拖动节点、线条或单元来创建二维或三维面或网格或单元。其使用的一个例子是在排气管的设计中，可以沿着代表管道的曲线拖动一个管道的横截面来创建；其使用的另一个例子是窗口框架的设计，可以沿着框架的复杂曲线通过拖动模塑件的横截面来创建。

2. 介绍

（1）拖动线创建单元（图 5-25）。

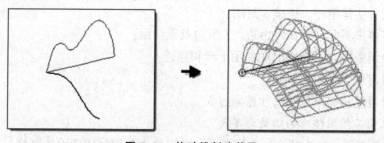

图 5-25　拖动线创建单元

（2）拖动单元创建单元（图5-26）。

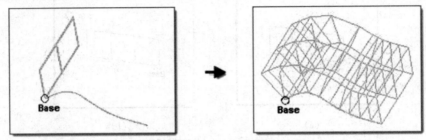

图5-26　拖动单元创建单元

5.3　四面体网格划分

HyperMesh 向用户提供了若干种生成四面体网格的方法，包括标准四面体网格划分（Standard Tetramesh）、直接四面体网格划分（Volume Tetramesh）和快速四面体网格划分（Quick Tetramesh）。

以上提到的各类网格划分方式均可应用到各类模型中，可以自行比较各类划分方式对最终划分结果的影响。本节将重点关注标准四面体网格划分和直接四面体网格划分。此外，HyperMesh 还提供了快速四面体网格划分功能，它以一些基本的单元质量控制参数为基础，快速完成网格划分，但可能以牺牲部分几何保真度为代价。

5.3.1　标准四面体网格划分

标准四面体网格划分基于一个已有的封闭壳单元包络而成的空间，在合理设置参数的基础上生成四面体网格。标准四面体网格划分为用户提供了极强的四面体单元形态和质量控制功能。

1. 标准四面体网格划分的基本流程

（1）在待划分实体的表面生成二维网格；

（2）检查该二维网格的质量及连续性；

（3）在表面网格基础上生成体网格；

（4）删除已有表面网格；

（5）必要时，通过实体网格编辑功能进一步提升网格质量。

2. 标准四面体网格划分对其表面二维单元的质量要求

（1）待划分实体单一、连续、封闭；

（2）该实体中不允许存在自由边、T形边及重合面；

（3）划分结束后，不允许出现单元干涉和穿透；

（4）尽量避免存在畸形单元；

（5）尽量避免相邻单元间尺寸差异过大。

3. 对于表面二维网格中的四边形单元

可将四边形单元切分为两个三角形单元，并以此为基础生成四面体网格，或保留四边形单元，以其为表面网格生成金字塔/四面体混合网格。

其中，在使用标准四面体网格划分时，对于切分的单元，用户可以自主选择表面单元与最终实体网格的关联形式，即固定三角形/四边形单元与随机三角形/四边形单元。

二者的区别在于：如果使用固定三角形/四边形单元，则内部的实体单元将严格以表面的三角形/四边形单元为起点开始生成，最终生成的实体单元与表面三角形/四边形单元在外表面是完全一致的。

而如果使用随机三角形/四边形单元方式，则 HyperMesh 会在网格划分阶段尝试改变实体单元表面的对角线走向，以进一步提高单元质量，最终生成的内部四面体/金字塔单元在表面与原始三角形/四边形单元可能是交错的。

（1）随机三角形/四边形单元，其实体网格表面与原有二维网格可能呈交错状态，如图 5-27 所示。

图 5-27　随机三角形单元分布

（2）固定三角形/四边形单元，最终实体单元表面与二维单元表面严格一致，如图 5-28 所示。

图 5-28　固定三角形单元分布

5.3.2　直接四面体网格划分

直接四面体网格划分（Volume Tetra）是 HyperMesh 向用户提供的另外一类网格划分技术，该方式能够直接以几何体为对象，快速、高质量地完成网格划分工作。

用户可以通过主菜单栏选择"3D"→"teramesh"或通过下拉式菜单选择"Mesh"→"Create"→"Tetra Mesh"启动该功能，具体面板如图 5-29 所示。

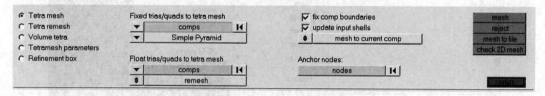

图 5-29　"Tetra Mesh" 面板

在直接四面体网格划分中，提供了两个关键的参数控制：

Use curvature：通过该功能，HyperMesh 会在模型中的曲面上生成更多的单元，以获得更小的弦差。

Use proximity：通过该功能，要求创建完成的四面体网格对模型中细小的几何特征具有更好的贴合度。该功能会在模型中细小的几何特征处使用更小的网格，以达到目的。

Proximity 与 Curvature 对网格的影响如图 5-30 所示。

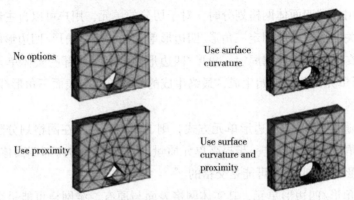

No options

Use surface curvature

Use proximity

Use surface curvature and proximity

图 5-30　Proximity 与 Curvature 对网格的影响

5.3.3　四面体网格剖分流程管理 （TetraMesh Process Manager）

TetraMesh Process Manager 是 Altair HyperWorks 向用户提供的基于流程自动化的复杂模型四面体网格剖分解决方案。TetraMesh Process Manager 指导用户完成标准化及自动化的几何清理及网格剖分流程，帮助用户轻松完成复杂零部件的有限元模型前处理工作。用户可以通过下拉式菜单选择 "Mesh" → "Create" → " TetraMesh Process" 启动该功能。具体面板如图 5-31 所示。

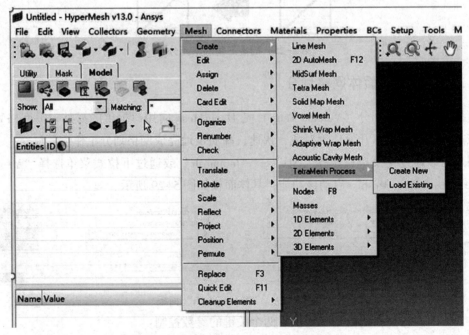

图 5-31　TetraMesh Process 启动路径

当用户通过 "HyperMesh" 主菜单页面选择启动 "TetraMesh Process" 时，首先需要在以下内容中进行选择：

Creat New：新建一个 TetraMesh Process Manager 作业，提交作业名称、存储路径及选择模板。

Load Existing：调用此前建立的流程模板。

1. TetraMesh Process Manager 概述

在 TetraMesh Process Manager 前处理环境中，用户首先需要对待剖分的零部件表面进行适当的几何清理，完成二维网格剖分，并在该表面二维网格的引导下，生成三维实体网格。

Tetramesh Process Manager 将此部分内容进行了提炼并固化于工作流中，在使用 TetraMesh Process Manager 进行几何清理及四面体网格划分的过程中，用户可以选择执行整个工作流的所有步骤，或选择跳过其中的部分内容。图 5-32 所示给出了 TetraMesh Process Manager 的工作流程图。

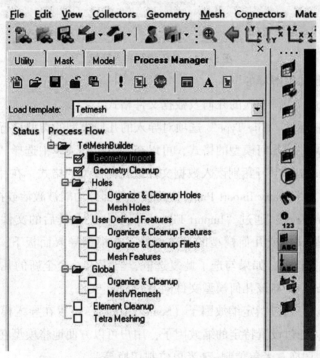

图 5-32　TtraMesh Process Manager 工作流程图

一个基本的 TetraMesh Process Manager 作业包括模型的导入与几何清理、模型特征组织、二维网格剖分、三维网格剖分与单元质量检查等若干步骤。在使用 TetraMesh Process Manager 进行几何清理和网格剖分的过程中，用户也可以随时切换至经典的 HyperMesh 工作界面，通过调用 HyperMesh 广泛、强大的几何清理及网格编辑工具，帮助用户生成高质量的网格。

注意：在使用 TetraMesh Process Manager 进行几何清理和网格剖分时，请养成随时存盘的好习惯。该自动化流程的某些页面中有 reject 功能，可以帮助用户撤销此前进行的操作。如果对某些功能可能导致的后果有一定的不确定性，请先存盘，然后执行该功能。

在通过 TetraMesh Process Manager 进行几何清理及四面体网格划分时，用户设置的各类参数可以作为专用模板保存，并在用户展开一个全新的作业，处理其他零部件时被调用执行，从而进一步提高用户的工作效率。TetraMesh Process Manager 通过调用 HyperMesh 功能强大的几何清理功能及快捷稳健的网格剖分算法，即使面对形态高度复杂的零部件，也有卓越表现。

2. 几何模型导入面板（Geometry Import Panel）

通过 Geometry Import 功能，用户可以在 TetraMesh Process Manager 中导入一个全新的几何模型，或打开一个已有 HyperMesh 数据文件。此外，在读入模型时，TetraMesh Process Manager 也向用户开放了若干控制参数，如图 5-33 所示。

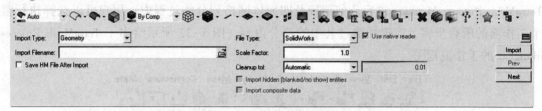

图 5-33　几何模型导入面板

相关按钮及参数功能解释如下。

（1）Import Type：支持导入的几何及数据文件格式。

（2）File Type：通过"File Type"选项对导入的几何模型的类型进行指定，如果暂时不清楚待导入的数据文件或几何模型的格式，可以在其下拉式菜单中选择"Auto Detect"，TetraMesh Process Manager 将自行甄别读入数据文件或几何模型的格式，在"File Type"中的不同选择，可能导致"Geometry Import Panel"面板中的部分功能被激活或抑制。

（3）Import File Name：通过"Import File Name"一栏及其后的文件夹浏览，用户在此处指定待导入的数据文件或几何模型的具体路径。在模型导入面板下，有名为"Save HM file after import"的复选框，如果勾选了此复选框，当读入一个全新的几何模型时，会自动在工作文件夹下生成一个与该几何模型文件同名的 . hm 文件。

（4）Scale Factor：通过指定缩放因子（Scale Factor），可以在导入模型的过程中对待导入的模型进行缩放。通过设置特定的缩放因子，用户可以方便地将模型在各种单位制间进行切换，如公制-英制切换、米单位制-毫米单位制切换等。

模型的导入工作结束后，单击面板中的"Next"按钮，进入下一环节几何清理的工作。

3. 几何清理面板（Geometry Cleanup Panel）

作为 TetraMesh 的准备工作，Geometry Cleanup Panel（几何清理面板）向用户提供了几何清理功能。Geometry Cleanup Panel 包含两部分具体工作内容：Free Edges 和 Edge Tools，前者主要提供了搜索和合并自由边（Free Edges）的功能，而后者则向用户提供了包括缝合缺失曲面及基于边界类型筛选的曲面显示功能。

如图 5-34 所示，几何清理面板的"Free Edges"功能通过设置几何清理容差（Tolerance），TetraMesh Process Manager 可以帮助用户在全局范围内搜索那些距离在几何清理容差内的自由边组（Free Edges Group），并对其进行合并操作（Equivalence）。该功能与 HyperMesh 主菜单"Geometry"面板下的"Edge Edit"功能有相似之处。

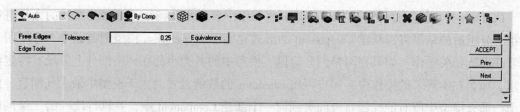

图 5-34 几何清理面板"Free Edges"功能

图 5-35 所示为几何清理面板"Edge Tools"功能。

图 5-35 几何清理面板"Edge Tools"功能

通过"Edge Tools"中的缺失曲面自缝合功能（Free Edge Filler Surfaces），HyperMesh 会在模型中搜索那些首尾相接的自由边组（Free Edges Group），并通过自动创建曲面（Surface）的方式，对此类几何缺陷进行处理。

Display Surface By Edge Type：基于边界类型筛选的曲面显示功能（Display Surface By Edge Type），可对不同曲面边界类型进行筛选，帮助用户寻找那些存在自由边（Free Edges）和 T 形边（T-Junctions）的曲面，通常，模型的几何缺陷往往就发生在这两类曲面上。

完成了几何清理的工作后，单击"ACCEPT"按钮或"Next"按钮，进入下一环节小孔特征辨识及几何清理的工作；或通过单击"Previous"按钮，回到上一环节几何模型导入。每个流程进入下一环节的操作步骤均一致，以后各个流程不再做过多叙述。

4. 小孔特征辨识及几何清理面板（Cleanup & Organize Holes Panel）

针对一般工业制成品零部件中大量存在的小孔（Holes）特征，对其进行辨识并剖分高质量的二维网格，是成功进行 TetraMesh 的关键，草率地将各类小孔特征的内表面进行粗糙的二维网格划分，将给 TetraMesh 阶段带来许多意想不到的困难。TetraMesh Process Manager 为用户提供了基于小孔直径的孔特征辨识功能，对各类小孔进行归类及几何清理。

小孔特征辨识及几何清理面板"Hole Parameters Table"如图 5-36 所示。

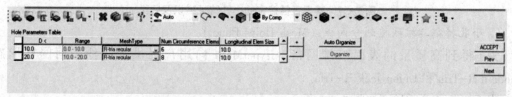

图 5-36 小孔特征辨识及几何清理面板

部分栏目（如 D<）处于可编辑状态，而诸如 Range 及 Mesh Type 等内容，则为灰色，即处于不可编辑状态。处于不可编辑状态的栏目，将在下一工作环节 Mesh Holes Panel 中自动转换为可编辑状态。

以下控制参数可以帮助用户更好地理解各项功能。

Diameter<：通过直径筛选，HyperMesh 将模型中各类小孔特征，根据其直径的大小进行分组，分组后的结果将以新建 Component 的形式存储于 HyperMesh 模型浏览器中，方便用户查看并进行相关操作。如果在网格剖分阶段，模型中的各类小孔在网格剖分上并没有特定的要求，那么在本环节的操作中，用户可将 Diamater 的数值设置为大于模型中最大孔洞直径的数值，那么模型中所有的孔都将被归类到同一个新建 Component 中，并执行统一的二维网格划分标准。

Num Circumference Elems：该功能用于控制二维网格剖分过程中，沿小孔圆周上的单元数量。显然，将该参数设置得较大时，多的单元意味着对小孔曲线形态的更加逼真的近似，在计算资源允许的情况下，适当地提高曲线及曲面的逼近程度，对提高计算精度是有积极意义的。但是需要指出的是，当沿圆周的单元数量设置过高，以至于小孔内表面的二维单元尺寸与模型其他区域的二维单元的尺寸相差过大时，进入 TetraMesh 阶段后，由于畸形单元的出现，反而会导致计算精度下降。如果对小孔圆周单元数量没有特别要求，那么建议将其设置为 6 或略高，则可满足一般分析要求。

Longitudinal Elem Size：该功能提供了沿小孔轴向（孔深方向）的单元尺寸控制功能。如果对小孔孔深方向的单元尺寸没有特别要求，那么建议用户在此处使用与模型其余部分相近的单元尺寸，以提高网格的过渡平滑性。

Add or Remove Rows：通过单击 ⊡，为小孔特征建立更多的分组；或通过单击 ▭，删除当前的分组。注意，Add or Remove Rows 不提供 Undo 功能，用户在进行删除当前分组操作前，应确保存盘或反复核对待删除分组信息，以避免误操作的发生。

Auto Organize & Organize：自动化小孔辨识功能，通过直径搜索，HyperMesh 将模型中各直径范围的小孔特征自动进行辨识和归类，并以新的 Component 的形式在模型浏览器中存放，同时提供用户查询和编辑功能。

基于直径搜索的小孔特征辨识及归类如图 5-37 所示。

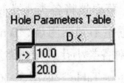

图 5-37　基于直径搜索的小孔特征辨识及归类

5. 小孔特征二维网格划分面板（Mesh Holes Panel）

为了得到高质量的表面二维网格，HyperMesh 向用户提供了两种表面网格形态：Standard R-Tria 和 Union Jack R-Tria。

表面三角形单元类型如图 5-38 所示。

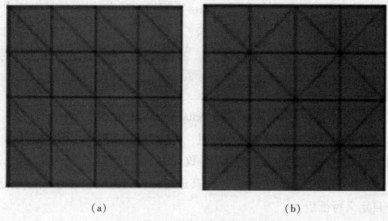

（a）　　　　　　　　　　　　（b）

图 5-38　表面三角形单元类型

（a）Standard R-Tria；（b）Union Jack R-Tria

在此前进行的小孔特征辨识和归类中，TetraMesh Process Manager 不但将各个小孔按照其直径的范围进行了归类，还对每一组小孔特征分配了一个特定的颜色特征，单击各分组左侧的色块图标，将其切换为"→"形式，使其处于活动状态，分组活动状态如图 5-39 所示。

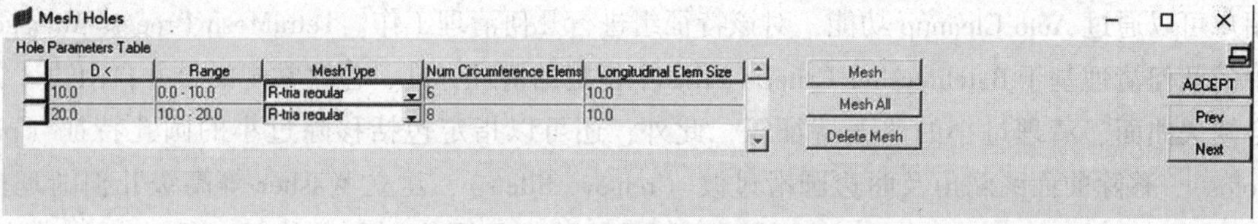

	D <	Range	MeshType	Num Circumference Elems	Longitudinal Elem Size	
	10.0	0.0 - 10.0	R-tria regular	6	10.0	
	20.0	10.0 - 20.0	R-tria regular	8	10.0	

Mesh Holes

Hole Parameters Table

Mesh　Mesh All　Delete Mesh　ACCEPT　Prev　Next

图 5-39　分组活动状态

通过单击"Mesh"，完成对各组小孔特征的二维网格划分工作，当然，也可以通过单击"Mesh All"，一次性对所有组进行网格划分。小孔特征二维网格划分如图 5-40 所示。

图 5-40　小孔特征二维网格划分

如果对网格剖分的结果不满意，或准备重新进行小孔特征分组，Delete Mesh 功能则提供了删除在本环节中建立的二维网格的功能。

6. 用户自定义特征（User Defined Features）面板

为了满足分析的要求，模型中的某些部分，例如密封圈、入口、出口或接触表面等曲面特征，需要对其执行特别的几何清理和网格划分标准。为了达到这一目的，需要对模型中的此类特征进行单独的辨识和归类处理。User Defined Features（用户自定义特征）即针对此类需求而产生的。

图 5-41 所示给出了 "User Defined Features" 面板的基本结构。

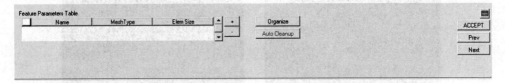

图 5-41　"User Defined Features" 面板

用户可以通过单击 "+" 新建一个特征组，并为其增加成员，或通过单击 "–" 删除一个已有的特征组，每一个特征组的控制参数包括网格类型（Mesh Type）及单元尺寸（Element Size），在每一特征组的左侧有一为其进行标识的色块，通过鼠标左键单击该色块，以激活该用户自定义特征组。

以下对该面板中的按钮及参数设置进行说明。

"+" 按钮：为了对新建的用户自定义特征进行存放，首先需要建立一个全新的 Component，单击 "+" 按钮，为该新建 Component 命名，然后单击 "OK" 按钮确认操作。在随后弹出的面板中，通过鼠标控制，选择模型中感兴趣的曲面特征并单击 "Proceed" 按钮，并最终完成新建用户自定义特征组的步骤。

Auto Cleanup：通过鼠标左键单击某个特征组左侧的色块，以使其处于活动状态，然后用户可以通过 Auto Cleanup 功能，对该特征组进行几何清理工作。TetraMesh Process Manager 中的几何清理基于 BatchMesher Criteria Files 中指定的清理标准，包含常规的合并自由边、缝合缺失曲面、清理过小的曲面特征等，此外，还可以指定包括移除过小的圆孔特征（pin holes）、移除曲面圆倒角及曲边圆滑过渡（remove fillets）、建立 Washer 等高级几何清理操作。TetraMesh Process Manager 在此处调用了几何清理及网格划分批处理工具 BatchMesher，以完成用户自定义特征的几何清理工作。本步骤执行的几何清理基于两个核心标准：BatchMesher Parameter 及 Element Quality Criteria Files，建议用户在使用此功能进行几何清理前，首先学习 BatchMesher 的相关内容，如果对 BatchMesher 的功能不熟悉，建议在本环节使用传统的手动几何清理功能。

7. 圆倒角辨识及几何清理（Fillets Organize & Cleanup）面板

曲面的圆倒角是零部件几何特征中的重要组成部分，TetraMesh Process Manager 向用户提供了批量进行圆倒角中心线分割的功能，为此类问题提供了一个强有力的解决方案。

通过 Surface Fillet Midline Split（曲面圆倒角中心线切割）功能，HyperMesh 将已有圆倒角在其曲面中心线处进行切割，并保留切割用共享边。完成切割后，用户可以选择是否对原有圆倒角的曲面边界进行压缩处理。

圆倒角辨识及几何清理面板如图 5-42 所示。

图 5-42　圆倒角辨识及几何清理面板

圆倒角辨识及几何清理面板的 Surface Fillet Midline Split（曲面圆倒角中心线切割）功能提供了以下控制选项：

Min Radius/Max Radius：HyperMesh 用于识别圆倒角过渡圆弧的曲率半径范围。通过勾选 Suppress Fillet Tangent Edges 复选框，用户可以提示 HyperMesh 在结束了圆倒角中心线切割后，是否需要压缩原有圆倒角曲面边界。勾选及不勾选该复选框的区别如图 5-43 所示。

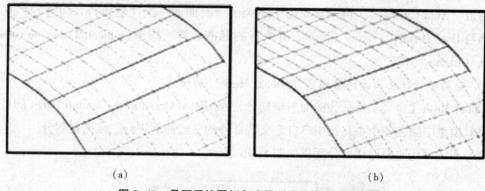

（a）　　　　　　　　　　　　　　　　（b）

图 5-43　是否压缩圆倒角边界对网格模型的影响

（a）不使用 Suppress Fillet Tangent Edges 功能的结果；（b）使用 Suppress Fillet Tangent Edges 功能的结果

8. 用户自定义特征网格划分（Mesh User Defined Features）面板

Mesh User Defined Features（用户自定义特征网格划分）环节与此前一步 User Defined Features（用户自定义特征）环节使用同样的面板，用户可以指定待划分特征的单元类型及其具体单元尺寸，并完成二维网格的划分。

用户自定义特征网格划分面板如图 5-44 所示。

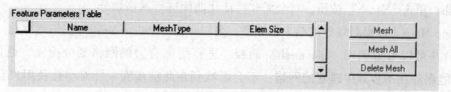

图 5-44　用户自定义特征网格划分面板

单击"Mesh"按钮，可以对当前指定的用户自定义特征进行网格划分。单击"Mesh All"按钮，则可对此前建立的所有用户自定义特征一次性地进行网格划分。如果对划分结果不满意，可以单击"Delete Mesh"按钮，删除生成的单元。

9. 非特征化曲面辨识和几何清理面板（Global Organize & Cleanup）

结束了对小孔（holes）和用户自定义特征的辨识和网格划分后，将针对模型中剩余的非特征化曲面进行归类和几何清理。

非特征化曲面辨识和几何清理面板如图 5-45 所示。

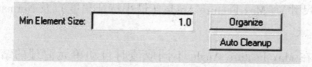

图 5-45　非特征化曲面辨识和几何清理面板

用通过指定 Min Element Size（最小单元边长）的方式约束 HyperMesh，以防其在 Auto Cleanup 环节中错误地清理掉那些较小但重要的曲面特征。从另一个角度讲，较小的 Min Element Size 意味着较为激进的几何清理方案，同时，也意味着几何清理将使模型丢失更多的几何特征，必要时可以通过单击"Organize"按钮将模型中所有剩余的非特征化曲面转存至专门的 Component 中。

单击"Auto Cleanup"，可以对模型中剩余的所有曲面一次性地执行几何清理。几何清理标准与 User Defined Feature Cleanup 时执行的标准一样，均来自 BatchMesher 的 Geometry Cleanup Criteria。

10. 全局非特征化曲面网格划分（Global Mesh）面板

Global Mesh（全局非特征化曲面网格划分）是 Global Organize & Clcanup Panel 的后续工作，将对模型中除去各个小孔及用户自定义特征外的一般曲面进行二维网格划分。

全局非特征化曲面网格划分面板如图 5-46 所示。

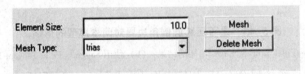

图 5-46　全局非特征化曲面网格划分面板

全局非特征化曲面网格划分面板与通常的 Automesh 功能类似：

Element Size：可以通过 Element Size 一栏指定单元边长。

Mesh Type：Mesh Type 下拉式菜单，指定进行二维网格划分的单元形态。

Mesh：单击"Mesh"按钮，对全局非特征化曲面进行网格划分。

Delete Mesh：如果对划分的结果不满意，可以单击"Delete Mesh"按钮删除这一步生成的网格，并可以考虑调用"automesh"面板，进行更强有力的网格划分控制。通过 Delete Mesh 功能删除在本步骤中建立的网格，不会影响到在此前步骤中针对小孔及用户自定义特征建立的网格。

11. 单元清理（Element Cleanup）面板

TetraMesh Process Manager 允许用户对此前各个步骤建立的单元的质量进行优化。"Element Cleanup"面板包含两个功能：AutoCleanup（自动单元清理）和 Manual Cleanup（手动清理）。现简要介绍如下：

（1）AutoCleanup。

AutoCleanup 自动单元清理通过自动单元清理功能，Tetramesh Process Manager 在用户设定的参数条件下对单元的质量进行优化。自动单元清理共提供了三个可供用户控制的参数：Min Size（最小单元尺寸）、Max Feature Angle（最小特征角度）及 Normals Angle（法线角），如图 5-47 所示。

图 5-48 给出了在 Max Feature Angle 不同取值时自动单元清理的结果，注意到较小的 Max Feature Angle 意味着较为严苛的清理标准，更多的特征将被移除。

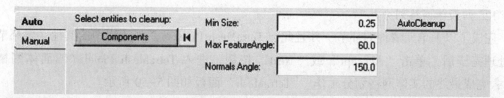

图 5-47　手工清理面板

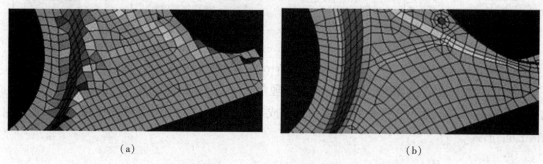

(a)　　　　　　　　　　　　　　　　　(b)

图 5-48　表面三角形单元类型

(a) 较大的 Max Feature Angle；(b) 较小的 Max Feature Angle

Normals Angle（法线角）控制了相邻单元间法线夹角的最大值。在单元清理过程中，当 TetraMesh Process Manager 发现有两相邻单元间夹角溢出了法线角允许最大值时，它会尝试将问题单元切分成若干个较小的单元，以满足法线角判定条件。

在进行自动单元清理的过程中，HyperMesh 会对每个部件的单元质量进行检查。一旦发现有质量过差的单元，HyperMesh 会自动删除这些单元，并且通过移动与此前该问题单元相邻的单元的边界的方式，对删除问题单元后产生的空隙进行缝合。

图 5-49 显示了针对某低单元质量模型进行自动单元清理前后，局部单元形态的对比。

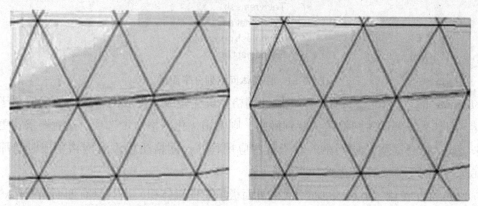

图 5-49　低单元质量自动清理前后对比

（2）Manual Cleanup。

Manual Cleanup 手工清理功能向用户提供了 Free Edge（自由边）和 T-connections（T 形边）的搜索和修复功能。此外，Display Normals 功能则提供了查看单元法向及修正的功能。

手工清理面板通过单击"Find"按钮，找到自由边及 T 形边后，单击"Fix"按钮，HyperMesh 将在设置的 Tolerance（清理容差）范围内，对模型中的自由边及 T 形边进行清理。

12. 四面体网格划分

完成了以上单元清理的环节，并且此前 TetraMesh Process 工作流程中的其他必要环节也已处理完毕后，单击"Accecpt"或"Next"按钮，进入 TetraMesh Panel（四面体网格划分），完成最终的实体网格划分工作。"TetraMesh"面板如图 5-50 所示。

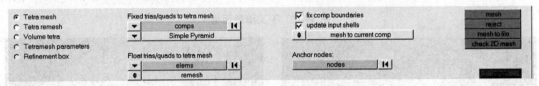

图 5-50 "TetraMesh"面板

注意，此前通过模型组织进行分类整理的小孔，以及其他用户自定义特征（User Defined Features），其表面网格将采用 quads 或 fixed trias 的形式，而其他曲面网格则采用 floatable 形式。

5.3.4 四面体网格划分实例

1. 面板功能介绍

（1）"TetraMesh"面板。

使用"TetraMesh"面板，用一阶或二阶四面体网格填充封闭的空间。如果一个区域完全由一个外壳网格（tria 和/或 quad 网格）包围，则认为该区域是封闭的。在此面板中生成的其他网格配置有六面体、楔形和金字塔形。这些网格通常是在体积表面的某些区域上具有边界层网格时生成的。"TetraMesh"面板包含如图 5-51 所示子面板。

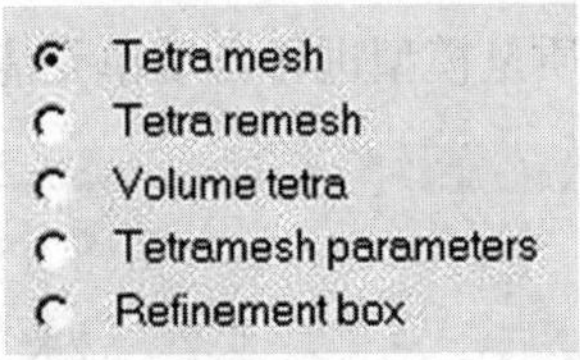

图 5-51 四面体网格划分子面板

"TetraMesh"面板允许选择三种不同的网格生成优先级。生成网格选项通常适用于大多数情况，但如果求解器对网格质量特别敏感，则使用优化网格质量选项，这就要求花更多的时间来尝试生成更高质量的网格。对于某些应用程序，网格质量没有网格生成时间那么重要。在这些情况下，选择优化啮合速度选项。

Tetra mesh：使用"Tetra mesh"网格子面板填充任意体积，由其具有四面体网格。

Tetra remesh：使用"Tetra remesh"子面板为单个四面体网格恢复网格。

"Tetra remesh"子面板下有一个选项"Free boundary faces"，该选项会影响到体外的四面体网格，这意味着只有一个 Tetra 连接的面。这些面叫作自由边界面（图 5-52）。

- 固定：自由边界面是固定的。
- 可切换：可以交换自由边界面的边缘。网格节点保持不变。
- 可重擦：自由边界面将重擦。

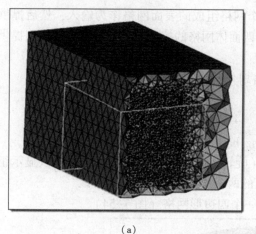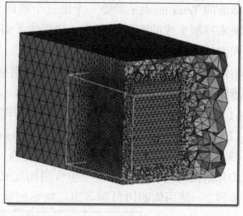

（a）　　　　　　　　　　　　　　（b）

图 5-52　自由边界面类型

（a）固定；（b）可重擦

（2）Volume tetra。

使用"Volume tetra"子面板生成一个 shell 网格，并用实体网格填充封闭的体块。给定一个实体或一组表面表示一个封闭的体块，这个网格化选项生成一个壳网格，并用实体网格填充封闭体块。可以选择使用四面网格或混合网格来创建一个外壳网格（2D）。此外，还可以使用接近网格，它可以在特征小而靠近的区域细化网格，如图 5-53 所示。

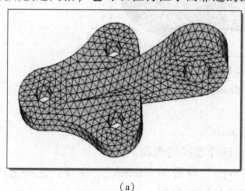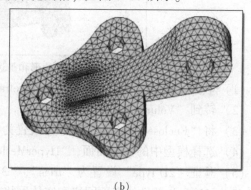

（a）　　　　　　　　　　　　　　（b）

图 5-53　生成的 shell 网格

（a）没有距离；（b）有距离

（3）Tetramesh parameters。

使用"Tetramesh parameters"子面板设置 tetra meshing 的一般参数，如最大单元尺寸、增长率、速度和单元质量之间的平衡，或是否在初始啮合后进行平滑操作。

（4）Refinement box。

使用"Refinement box"子面板在现有的四线网格中定义一个特定的盒形体，在其中生成更细的网格。

2. 四面体划分实例

HyperMesh 提供了 Tetra mesher 和 Volume tetra 两种生成四面体单元网格的方法。Tetra mesher 自动生成四面体网格，即使是复杂的几何图形，这种方法也可以快速、轻松地生成高质量的四边形网格。

标准的 Tetra mesher 需要一个由三个或四个网格组成的表面网格作为输入，然后提供一些选项来控制生成的四面体网格。这提供了对四面体网格的控制，并为最复杂的模型提供了生成四面体网格的方法。

实例使用 housing. hm 模型进行四面体网格划分。

步骤 1：检索和查看模型文件。

（1）在菜单栏中单击"文件"→"打开"→"模型"。

（2）在"打开模型"对话框中打开 housing. hm 模型文件。

（3）使用 HyperMesh 中不同的可视选项（旋转、缩放等）观察模型。目前只显示组件盖中的几何图形。该文件的模型包含由面定义的两个零件组合体。

步骤 2：使用体四边形和等边三角形创建一个四边形网格（图 5-54）。

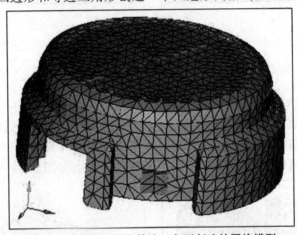

图 5-54　体四边形和等边三角形创建的网格模型

（1）单击"Mesh"→"Create"→"Tetra Mesh"打开"TetraMesh"面板。

（2）转到"Volume tetra"子面板。

（3）将"Enclosed volume"选择器设置为"surfs"。

（4）选择模型中的一个曲面，"HyperMesh"选择连接的表面。

（5）验证"2D type"设置为"trias"，"3D type"设置为"tetras"。注意：这些选项控制了 HyperMesh 为部件的表面网格和实体网格创建的网格类型。

（6）验证切换设置为"Elems to Current Comp"。注意，这个选项允许 HyperMesh 将新创建的网格放到当前组件收集器中。

（7）验证"Use curvature"和"Use proximity"复选框是否清晰。

（8）在"Element size"字段中输入 10。

（9）单击"mesh"。HyperMesh 创建 tetra 网格。

（10）如果模型的网格线和网格没有着色，单击可视化工具栏上的 ⬛。

（11）检查由 Tetra mesher 创建的网格模式。

（12）若要取消网格，则单击"reject"按钮。

步骤 3：使用四边形和直角三角形为表面创建一个四边形网格（图 5-55）。

这一步骤仍在"Volume tetra"子面板中。

（1）选择模型中的一个曲面。

（2）设置"2D type"为"R-trias"。

（3）单击"mesh"，HyperMesh 创建 tetra 网格。

（4）检查由 Tetra mesher 创建的网格模式，并将其与创建的第一个网格进行比较。

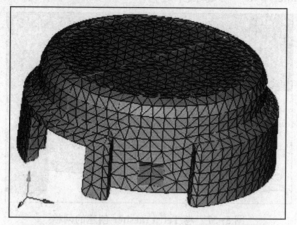

图 5-55　四边形和直角三角形创建的网格模型

（5）若要取消网格，则单击"reject"按钮。

步骤 4：使用体积 Tetra mesher 创建一个 tetra 网格，在曲面上添加更多网格（图 5-56）。

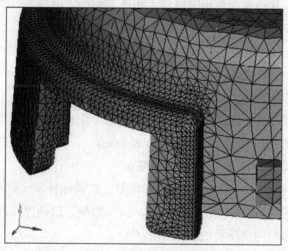

图 5-56　体积 Tetra mesher 创建的网格

这一步骤仍在"Volume tetra"子面板中进行。

（1）选择模型中的一个曲面。

（2）选择"Use curvature"复选框，则额外的参数出现。

注意：该选项会导致沿着高表面曲率区域创建更多的网格。因此，像圆角这样的曲面区域会有更多和更小的网格，这些网格会以更高的分辨率捕捉到这些特征。

（3）在"Min elem size"字段中输入 1.0。

（4）将"Feature angle"设置为 30。

（5）单击"mesh"，HyperMesh 创建 tetra 网格。

（6）检查 Tetra mesher 创建的网格模式，并将其与之前创建的网格进行比较。若要取消网格，则单击"reject"按钮。

步骤 5：使用卷 Tetra mesher 创建一个 tetra 网格（图 5-57），围绕小特性添加更多网格。这一步骤仍然在"Volume tetra"子面板中进行。

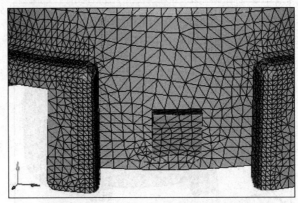

图 5-57　卷 Tetra mesher 创建的网格

（1）选择模型中的一个曲面。

（2）选择"Use proximity"复选框。注意，这个选项使网格在表面更小的区域被细化，这是一个很好的过渡，从小表面的小网格到大相邻表面的大网格。

（3）单击"mesh"，HyperMesh 创建 tetra 网格。

（4）检查卷 Tetra mesher 创建的网格模式，并将其与之前创建的网格进行比较。注意，更多的网格以小角度出现在表面周围。

步骤 6：使用标准的 Tetra mesher 显示到 tetra 网格化集线器组件。

（1）在 Model 浏览器中，关闭除集线器之外的每个组件的几何图形显示。

（2）关闭每个组件的网格显示，除了 hub 和 tetras。

（3）要返回到主菜单，单击"return"按钮。

步骤 7（可选）：检查 tria 网格的连接性和质量，以验证标准 Tetra mesher 的完整性。

在这一步中，使用"Edges"和"Check Elems"面板，以确保在四面体网格划分时没有自由边和极大小角等影响网格质量的因素存在。

（1）要打开边缘面板，则从菜单栏中单击"Mesh"→"Check"→"Components"→"Edges"。

（2）验证实体选择器是否设置为"comps"。

（3）在"hub"组件上选择一个 tria 网格。HyperMesh 突出显示了整个组件。

（4）单击"find edges"。status bar 显示一条消息，上面写着"No edges were found. Selected elements may enclose a volume"。注意，Tetra mesher 需要一个封闭体积的壳网格。

（5）要返回到主菜单，则单击"return"按钮。

（6）要打开"Check element"面板，则从菜单栏中单击"Mesh"→"Check"→"Elements"→"Check element"。

（7）在"2-d"子面板中进行验证。

（8）确定纵横比大于5的网格。所有毂的外壳网格通过检查；所有网格的纵横比都小于5。注意，长宽比是指网格最长边与最短边之比。这个检查可以帮助识别条子网格。

（9）找出角度小于20的三个网格。所有毂的外壳网格通过检查；所有网格的角度都大于20。注意，这个检查有助于识别条子网格。

（10）表面网格适合创建一个 tetra 网格。

（11）要返回到主菜单，单击"return"按钮。

步骤8：使用标准的 Tetra mesher 为集线器创建一个 tetra 网格（图5-58）。

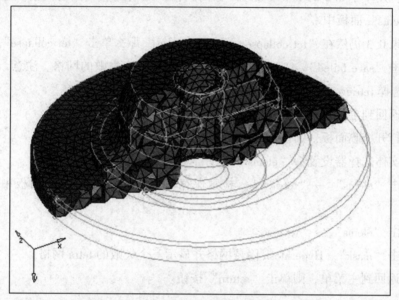

图5-58 使用遮罩面板的四面体网格的剖面图

（1）在"Model"组件文件夹中，右键单击"tetras"，并从上下文敏感菜单中选择"Make Current"。

（2）打开"TetraMesh"面板。

（3）转到"Tetra mesh"子面板。

（4）验证 tetra 网格实体选择器的"Float trias/quads to tetra mesh"被设置为"comps"。

（5）选择"hub"组件上的 shell 网格。HyperMesh 突出显示了整个组件。

（6）可选：保持对角线，激活"Fixed trias/quads to tetra mesh"选择器并设置它为"comps"。

（7）单击"mesh"，超网格生成四面体网格。

步骤9：检查中心的 tetra 网格的质量。

（1）在 Model 浏览器中，只显示了 tetras 组件网格。

（2）打开"Check Elements"面板。

（3）转到"3-d"子面板。

（4）确定显示网格中最小的网格 length。

注意：如果目标网格大小为5.0的最小长度可以接受，则不需要进一步的操作。

（5）确定显示网格中最小的角度（tria faces：min angle）。

注意：如果最低 tria 面角不小于 10°，那么网格质量应该可以接受。

（6）确定包含小于 0.3 的 tet collapse 的网格。状态栏表示三个网格的 tetra 折叠小于 0.3。

注意：tet collapse 标准是对四面体网格进行规格化体积检查。如果值为 1，则表示完全形成的网格具有最大的可能容量；值为 0 表示完全折叠的网格没有体积。

步骤 10：用小于 0.2 的 tetra collapse 分离网格，并找到它周围的网格。这一步骤仍在"Check Elements"面板中。

（1）如果 0.3 仍然在"tet collapse<"字段中指定，那么单击"tet collapse"。

（2）单击"save failed"。HyperMesh 在用户标记中检查失败的网格。注意，通过在扩展选择菜单中选择 retrieve，可以从任何面板检索检查失败的已保存网格。

（3）要返回到主菜单，则单击"return"按钮。

（4）要打开掩膜面板，则按 F5 键。

（5）将实体选择器设置为"elems"。

（6）单击"elems" → "retrieve"。检索保存在"Check Elements"面板中的不合格网格中。

（7）单击"elems" → "reverse"。

（8）单击"mask"。HyperMesh 隐藏网格并显示三个失败的 tetra 网格。

（9）要返回到主菜单，则单击"return"按钮。

（10）在"Display"工具栏上单击 ▓。HyperMesh 识别并显示连接到三个显示网格的网格层。

（11）再单击 ▓。HyperMesh 识别并显示附加到显示网格上的网格层。注意，可以使用"Find"复制"unmask adjacent"的功能，在"工具"页面中找到"find attached"。

（12）在 Model 浏览器中关闭已打开的 hub 网格。

步骤 11：重新命名中心显示的 tetra 网格。

（1）打开"TetraMesh"面板。

（2）转到"Tetra remesh"子面板。

（3）单击"3D elements：elems" → "displayed"。

（4）单击"remesh"，超网格重新生成网格的这个区域。

（5）要返回到主菜单，单击"return"按钮。

（6）打开"Check Elements"面板。

（7）要查明显示网格的 tetra 崩溃是否得到了改进，单击"tet collapse"。

（8）要返回到主菜单，单击"return"按钮。

步骤 12（可选）：保存工作。

在菜单栏中，单击"File"→"Save"→"Model"，完成保存。

5.4　CFD 网格划分

本节将从 CFD 用户配置、一般工作流程、网格划分、CFD Tetramesh 面板这四个部分来介绍如何进行 CFD 网格划分。

5.4.1　CFD 用户配置

在 Engineering Solution 中的新用户配置采取一种有效的方法，针对 CFD 分析的需要提供专门的操作环境来处理所有的前处理步骤。

Engineering Solution 中有两种特定 CFD 用户配置可用：CFD（Genera）是针对所有的 CFD 求解器的前处理的，而 CFD（AcuSolve）则包含了仅供 AcuSolve 使用的附加功能，选择 CFD（AcuSolve）配置可以从 HyperMesh 的工具栏中直接进入 Acuconsle，如图 5-59 所示。

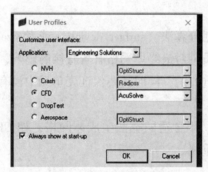

图 5-59　CFD 用户配置

1. 菜单栏

选择 CFD 用户配置将改变 Engineering Solutions GUI 布局中的菜单栏，并且添加了一个针对 CFD 的工具栏，如图 5-60 所示。

Untitled - Engineering Solutions 13.0 - CFD (AcuSolve)

File　View　Geometry　Mesh　BCs　Tools　Morphing　Design Study　Preferences　Applications　Help

图 5-60　CFD 菜单栏

2. 主菜单页面

当选择 CFD 用户配置时，主菜单页面同样会改变，如图 5-61 所示。

Auto	By Comp				
nodes	line mesh	check elem		HyperMorph	edit elem
lines	automesh	quality index		shape	distance
surfaces	CFD tetramesh	faces			replace
point edit	tetramesh	edges			organize
edge edit	hex core	hidden line			delete
surface edit	solid map	intersection			adaptive wrapping
quick edit					

图 5-61　CFD 用户配置时的主菜单页面

主菜单页面可以分为 5 类，见表 5-3。

表 5-3 CDF 用户配置时的主菜单类型

几何创建与编辑	单元创建	单元编辑与检查	网格变形	其他工具
nodes lines surfaces point edit edge edit surface edit quick edit	line mesh automesh CFD tetramesh tetramesh hex core solid map	check elem quality index faces edges hidden line intersection	HyperMorph shape	edit elem distance replace organize delete adaptive wrapping

5.4.2 一般工作流程

Engineering Solutions 中 CFD 建模的一般步骤如下。

1. 几何清理/去除多余特征

在将几何模型导入 Engineering Solutions 后，进行一定的几何清理和去除多余特征是非常必要的，损坏的表面要进行修复或者替换，对流场没有影响的几何特征要被抑制掉，以简化网格生成过程并保证得到好的单元质量。

2. 划分面网格

选择一种合适的面网格划分算法（surface deviation 或者 size and bias），并且在几何表面生成壳单元，表面壳单元的质量对最终体网格有着直接的影响，因此，在生成体网格之前检查提高面网格的质量是非常重要的，同时还要保证壳单元中没有自由边。

3. 划分体网格

在面网格划分的基础上，用合适的算法生成体网格，如 CFD tetramesh，如有必要，检查并提高网格的质量同样要重视。

4. 准备导出模型

为了实现 Engineering Solutions 和 CFD 求解器的良好兼容，建议在导出之前用某种方法对网格进行组织。

5. 为 CFD 求解器导出网格

用一种 CFD 求解器能够识别的格式导出网格模型。

5.4.3 网格划分

Engineering Solutions 在工具栏中的"Mesh"选项下为 1D、2D、3D 网格划分提供了很多算法，CFD 具有以下划分网格的功能：

2D Boundary Layer Mesh：在组定义封闭环的边所在的二维平面上生成具有或者不具有边界层的 2D 网格。

Automesh：对几何面上或者对单元生成网格，对已经存在的网格进行交互式的重新划分。

BL Thickness：使用轮廓面板对现有的分布厚度值创建等值图表。

CFD TetraMesh：生成混合网格，包括边界层的六面/五面体单元和核心区的四面体单元。

Check Elements：验证单元基本质量和这些单元的几何特征质量。

Create Single Component：打开一个对话框来创建一个单一的组件。

Create CFD Component：功能性的定义标准的 CFD 集合，在弹出的对话框中，常用的集合名字（如 inflow）是事先选定的，组件可以在列表中被添加或移除，单击"Create"按钮后，所选的组件就被创建并且在"Model Browser"中显示。

Delete：从模型数据库中删除数据，预览和删除空的组件、无用的属性集合、材料集合或曲线等。

Detach：从围绕的结构中分离单元。

Distance：确定两个节点几何点之间的距离或者确定三个节点几何点之间的角度，或者改变这些距离。

Drag：通过拖动一系列的节点或者线条来创建面或者网格，或者通过拖动选中的单元来创建单元。

Edges：在一组单元中查找自由边、T 形连接边或其他间断连接，显示并且消除重复的节点。

Edit Element：手动创建、合并、切分、修改单元。

Element Offset：通过壳单元补偿来创建或者修改单元。

Element Types：选择并修改现有的单元类型。

Faces：在一些列的单元中寻找自由面并与"edges"命令有着类似的其他 3D 操作。

Features：计算当前模型的特征并通过创建一维 plot 单元或特征线来显示这些特征。

Hex-Core：在任意的由 2D 一阶面网格（三角形或四边形）定义的体中创建六面体核心网格。

Hidden Line：创建隐藏线单元并显示内部结构，同时包括"Clip Boundary Elements"工具，可以使用户更清晰地观察切割部分结构。

Intersection/Penetration：允许检查单元的渗透或单元的交集。

Line Drag：通过沿着一条线拉伸节点、线、单元来创建二维或者三维面和单元。

Line Mesh：沿着一条线创建一系列（如梁单元）的一维单元。

Linear Solid：在两组平面单元之间创建体单元。

Mass Calc：获得一组已选的单元、体、面的质量、面积、体积等。

Node Edit：将节点关联到几何点、线、面；沿着一个面移动节点；在一个平面上放置节点；将一列节点重新映射在线上；将节点投射到两个节点的假想连线上。

Nodes：通过许多不同方式创建节点。

Normals：显示单元或平面的法向，调整并翻转单元或平面的法向。

Planar Surface/Mesh：创建一个用户指定平面上的二维面或者网格。

Organize：允许在集合器中通过复制或者移动数据来重新组织数据库。

Project：向一个平面、向量、表面、线上投射特征数据。

Quality Index：为显示出的壳单元模型计算一个单一值来表示单元质量。

Reflect：关于一个平面映射模型的一部分，把选定部分映射成它的镜像。

Renumber：允许对实体进行重新标号。

Replace：允许节点重新放置。

Rotate：关于空间的一根轴旋转实体。

Ruled Surface/Mesh：通过节点、线、线段等的任意组合来创建面或单元。

Scale：增加或减少一个实体的尺寸。

Skin Surface/Mesh：通过一系列的线创建面或单元。

Solid Map Mesh：在一个几何体中创建体网格。

Solid Mesh：对一个仅由边定义的六面体或五面体创建体网格。

Spin：通过围绕一个向量旋转一系列的节点、线或单元来生成环形面或网格。

Spline Surface/mesh：创建壳单元或者面。

Split：切分面单元或者体单元。

5.4.4　CFD Tetramesh 面板

CFD Tetramesh 面板可以用来生成混合网格，包括在边界层内的六面体/五面体单元和在核心区内的四面体网格，其中独立的子面板包括 Boundary Selection、Boundary Layer parameters、Tetramesh parameters、2D parameters 和 Refinement boxes。

除了"Refinement box"子面板，其他的面板都拥有"Mesh""Reject"和"Mesh to file"按钮，这意味着用户可以从任何一个子面板进入网格划分功能，这样用户就可以选择一个参数面板来画网格。如果对划分结果不是很满意，还可以撤销操作，改变一些参数，并重新生成网格而不用离开此子面板。

1. "Boundary Selection"子面板

用户可以使用这个面板来选择需要生成边界层的表面单元/组件。面板布局随着用户对边界层选项的选择而变化。Altair Engineerin 强烈推荐使用 Smooth BL 方法，这样可以用非常光顺的边界层生成算法，并得到更高的单元质量。使用"With boundary layer（fixed/float）"和"W/o boundary layer（fixed/float）"来选择单元、组件和实体，选择"fixed"选项意味着基本的 2D 网格不会被修改，"float"选项意味着基本 2D 网格的边缘或许被重新划分，以生成更高质量的 3D 四面体单元。

（1）With boundary layer（fixed/float）。

用于选择将要用来生成边界层网格的表面单元。

（2）W/o boundary layer（fixed/float）。

用来选择定义了体，但是不必生成边界层的单元。

"Remesh"按钮意味着选择的网格将在临界表面生成边界层后被重新划分。"Remesh"按钮如图 5-62 所示。

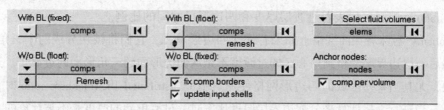

图 5-62　"Remesh" 按钮

"Morph" 按钮保持了完好的基面网状拓扑结构，那些和边界层区域相接触的网格将被变形。"Morph" 按钮如图 5-63 所示。

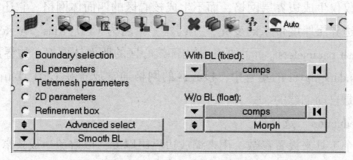

图 5-63　"Morph" 按钮

(3) Anchor nodes。

Anchor nodes 在重新划分网格时保持不变，因此新的网格必须要符合它们，如果用户在某些区域需要三角形单元边，也可以选择 1D 单元来代替这些节点。使用这个选项可以在某些特定区域保持节点或边界不变。

2. "BL Parameters" 子面板

这个面板用来指定一般的边界层参数，这些设定将影响到其他 CFD 子面板中边界层的生成。此面板中的选项包括：

(1) Boundary layer thickness。

Number of layers：在使用 "specified first layer thicknes" 和 "growth rate" 时，用来指定总的边界层数。

Total thickness：可以用来指定边界层厚度，但不是层数。

Ratio of Total Thickness/Element size：总边界层厚度和基面单元的平均单元尺寸间的比例。

First layer thickness：第一层的厚度，如果用户不能确定这个厚度，则用 "First cell height calculator" 来计算它。

BL growth rate：是一个量纲为 1 的因子，用来控制层与层之间的增长率。

(2) BL hexa transition mode。

Simple pyramid：使用金字塔形单元来完成从边界层的六面体的四边形面到四面体的核心网格的过渡。这些金字塔单元的高度由 "simple transition ratio" 来控制，这个参数指的是金字塔形单元高度和四边形单元尺寸间的比例。

Smooth pyramid：生成由金字塔形单元和四面体单元构成的过渡层，层厚度由 "smooth

transition ratio" 控制，代表着过渡层厚度和四边形尺寸间的比例。

All prism：意味着在面网格上如果有任何四边形单元，它们将被切分成两个三角形单元，这样从最后一层边界层网格到核心区的过渡就不是从四边形面到三角形面的过渡了。这个选项非常重要，尤其当某些区域的四边形网格使用（低）distributed BL thickness ratio 时，因为在这些区域，当进行干扰计算来分配边界层厚度比率时，过渡单元的厚度是不被计算的。

All Tetra：在边界层中只生成四面体网格，将把所有的四边形面网格切分成三角形网格。

（3）"Boundary layer only" 选择框。

这个选项将仅仅生成边界层网格，而不生成核心区的四面体网格。它还会修改相邻表面网格，以反映由边界层厚度带来的变化，并创建一个名为^CFD_trias_for_tetramesh 的集合，通常用 "Tetramesh parameters" 子面板生成内部核心区的四面体网格。边界层单元将被放置在名为 CFD_boundary_layer 的集合中，核心区的网格通常放置在 CFD_Tetramesh_core 集合中，两个集合都是自动创建的。

（4）"BL Reduction" 选择框。

可以使用这个工具来设置参数，用来缩放边界层厚度，以避免生成狭窄或封闭的通道。

"Manual" 按钮：打开 "Distributed BL thickness ratio" 对话框来手动定义边界层厚度缩放比。

"Auto" 按钮：打开 "Generate boundary layer distributed thickness values" 对话框来自动定义边界层厚度缩放比。

1st cell height calc 图标：通过 "First cell height dialog" 计算第一层单元高度。

Export settings 图标：保存和设置文件。

（5）Manual BL Distributed Thickness（图 5-64）。

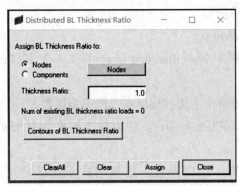

图 5-64　"BL parameters" 子面板

这个子面板用来手动地为节点或组件定义分配厚度比率，当用户需要通过一个组件或一组节点来减小或增加边界层厚度时，这个工具是非常有用的。使用 "Select nodes" 或 "Select Components" 按钮来选择想要改变边界层厚度的节点或组件。Thickness Ratio 值表示所选的局部边界层厚度和 "CFD Tetramesh" 面板中指定的总厚度值之间的比值，如 0.5 的比例值将使当地边界层厚度减小到原先厚度的 $\frac{1}{2}$。用户在任何时候都可以通过单击 "Contours of BL Thickness Ratio"按钮来查看分布的厚度比值。

（6）Automatic BL Distributed Thickness。

通过"BL parameters"子面板的"Auto"按钮来打开如图 5-65 所示对话框。

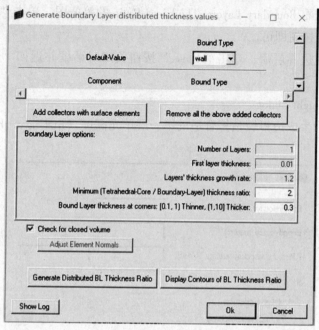

图 5-65　"Automatic BL Distributed Thickness"子面板

这个工具将根据用户的设置来确定模型狭窄区域并缩放总边界层厚度。如果已经在 "Boundary selection"子面板中选择了组件，那么这些组件将在这个工具中自动显示出来， 并带有合适的 Bound Type。当然，可以单击"Add collectors with surface elements"按钮并选 择模型的其他部分，如果这样选择组件，还需要为每个组件指定 Bound Type。每个组件也可 以通过"Remove"按钮从列表中移除，可以通过单击"Remove all the above added collectors"按钮移除所有的组件。

Number of Layers、First layer thickness，Layers，thickness growth rate 与"CFD tetramesh" 面板中设置的值保持一致。

Minimum（Tetrahedral-Core/Boundary-Layer）thickness ratio：是四面体核心区和边界层 之间的比例，这个值必须要大于 0。这个值越大，边界层区将被压缩得越多，核心区将越 开放。

Bound Layer thickness at corners：可以通过调整边角处的总边界层厚度来避免单元扭曲 或与其他边界层单元发生干涉（由于边界层的违约双曲增长），这个值越小，拐角处的边界 层厚度就越小。

"Check for closed volume"选择框：会执行一个检验来确认所选的单元是否来自一个封 闭的体，封闭的体可以简化网格划分。由于边界层的生成方向都是向内部的，然而在某些体 没有封闭的区域，因此边界层的生成方向就变成了单元的法向，如果这个法向是错误的方 向，那么边界层也将向错误的方向扩展。如果发生了这种情况，用户可以取消勾选这个选择框，并单击"Adjust Element Normals"按钮来改变错误的单元法向。

"Generate Distributed BL Thickness Ratio"按钮：将创建分布式边界层，并将厚度值放置在^CFD_BL_Thickness 集合中。

如果用户想要查看 Boundary Layers' Thickness Ratio 的等值图，单击"Display Contours of BL Thickness Ratio"按钮即可。

当生成了分布式边界层后，单击"Close"按钮关闭对话框并返回"BL Parameters"子面板。

（7）First cell height dialog。

这个工具可以为生成边界层估算合适的第一层单元高度（first layer thickness），如图 5-66 所示。

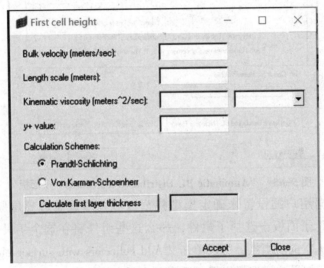

图 5-66 估算合适的第一层单元高度

这是根据流动特性和流体性质进行的。所有要输入的数据都是为"Calculate first layer thickness"按钮而设置的，只要用户提供了所需的数据，单击这个按钮，计算机将自动进行计算并给出建议的厚度。

Bulk velocity（meters/sec）：平均流速。

Length scale（meters）：模型的特征长度，如在圆管中，特征长度为圆管的直径。

Kinematic viscosity（meters^2/sec）：流体的黏度。

y+ value：湍流模型所需的 $y+$ 值。

Calculation Schemes：选择最适合用户的那个方案。

当所有的这些值被指定后，单击"Calculate first layer thickness"按钮将得到一个建议厚度，用户可以单击"Accept"按钮，这个值将自动被输入"CFD Tetramesh"面板中的"First layer"或者可以直接单击"Close"按钮关闭窗口而不接受这个值。

3．"Tetramesh parameters"子面板

使用这个面板来设置默认的四面体划分方法，如目标单元尺寸或划分算法，这些都将影响其他子面板的网格生成。这个子面板的选项包括：

（1）Max tetra size：任何方向的四面体网格尺寸将不会超过这个值。

（2）Tetramesh Normally/Optimize Speed/Optimize Mesh Quality：影响网格优化方法的使用。

（3）Tetra Mesh Normally：在大多数情况下使用，是标准的四面体划分算法，这个选项在每个四面体划分子面板中都可以见到。

（4）Optimize Mesh Speed：使用更快速的划分算法，如果网格生成时间相比单元质量更重要的话，可以使用这个选项。同样可以在每个划分子面板中见到。

（5）Optimize Mesh Quality：花费更多时间来优化四面体网格划分的质量，它采用 volumetric ratio 或 CFD skew 方法来衡量四面体单元质量，当用户的求解器对网格质量要求很高时，可以使用这个选项。

（6）Standard/Aggressive/Gradual/Interpolate/User Controlled：影响单元增长率（边界层）。这些增长选项控制着生成的单元数量和单元质量间的权衡，"Standard" 选项可以在大多数情况下使用；"Aggressive" 将生成更少的四面体单元，因为它相比 "Standard" 使用了较高的增长率；"Gradual" 将生成更多的单元，因为它相比 "Standard" 使用了较小的增长率；当核心区的网格根据面网格尺寸而发生改变时，"Interpolate" 选项将非常有用；"User Controlled" 选项允许指定 uniform layers 的数量和 growth rate 的值。

（7）growth rate：设 d 是初始厚度，r 是初始增长率，那么连续的边界层厚度分别为 d、$d \times r$、$d \times r^2$、$d \times r^3$、$d \times r^4$ 等。如果用户不关心单元的总数，而非常重视单元质量，那么 Interpolate 将产生最好的结果，因为单元尺寸会光顺地变化而生成质量很高的单元。

（8）Pyramid transition ratio：定义了从边界层六面体单元到核心区四面体单元过渡层的金字塔形单元相关高度。

（9）"post-mesh smoothing" 选择框：如果用户想应用额外的运算来提高整体网格质量，激活 "post-mesh smoothing" 选择框即可，附加的光顺和置换过程将被执行，四面体单元将被切分成更光顺的过渡网格。

（10）"fill voids" 选择框：如果用户的几何模型体中还包含着其他的体，则需激活 "fill voids" 选择框，所有的体将被划分网格。比如一个大球体中间包含一个小球体的模型，如果选择了这个选项，那么小球体也会像两个球体之间部分一样，一同被划分网格。

（11）"Export settings" 按钮：想要保存文件设置，单击 "Export settings" 按钮。

5.5　CFD 网格划分实例

1. 用 CFD MESH 面板生成混合网格

通过实例介绍以下内容：使用 "CFD Tetramesh" 面板为 CFD 应用程序（如 Fluent，StarCD）生成网格；生成具有任意层数的边界层类型网格，并学习边界层厚度分布；为 CFD 模拟指定/确定边界层区域；导出一个针对 FLUENT 软件的具有边界区域的网格文件；将模型文件导入 FLUENT。

步骤1：打开模型文件。

(1) 在工具栏中单击"Open Model"按钮。

(2) 从教程目录中选择 manifold_ surf _mesh. hm 文件。

(3) 单击"Open"按钮打开这个包含面网格的. hm 文件，如图 5-67 所示。

图 5-67 manifold_ surf _mesh. hm 文件

步骤2：加载 CFD 用户配置。

(1) 选择"Preferences"→"User Profiles"命令。

(2) 在"Application"栏中选择"Engineering Solutions"。

(3) 选择"CFD"选项，如图 5-68 所示。

(4) 单击"OK"按钮。

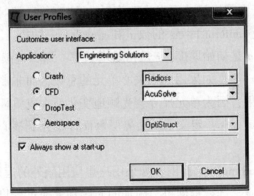

图 5-68 CFD 用户配置

步骤3：检查在集合器"wall, inlet. outlets"中的所有单元是否形成了一个封闭的体。

(1) 选择"Mesh"→"Check"→"Component"→"Edges"命令来打开"Edges"面板。

(2) 单击黄色的"comps"按钮并选择"wall. inlet"和"outlets"。

(3) 单击"select"按钮，然后单击"find edges"按钮。状态栏中将会显示：没有找到任何边。

(4) 切换"free edges"按钮到"T-connections"。

(5) 选择前面的 3 个组件，然后单击"find edges"按钮。状态栏中将会显示：没有找到 T 形连接边。

(6) 单击"return"按钮关闭面板。

步骤4：创建 CFD 网格。

(1) 选择"Mesh"→"Volume Mesh 3D"→"CFD tetramesh"命令，打开"CFD tetramesh"面板。

（2）选择"Boundary selection"子面板。

（3）在"With boundary layer（fixed）"下，单击"comps"按钮并选择"wall"集合。

（4）在"W/o boundary layer（float）"下，单击"comps"按钮并选择"inlet"和"outlets"集合。

（5）确认"W/o boundary layer（float）"选择按钮下的转换按钮是"Remesh"。

（6）默认"Smooth BL"选项保持不变。

（7）选择"BL parameters"子面板。在"Boundary selection"子面板中定义的所有数据已经被保存下来。

（8）选择选项，以指定边界层和四面体的核心。

设置"Number of Layers"值为 5，"First layer thickness"值为 0.5，"BL growth rate"值为 1.1。

（9）在"BL hexa transition mode"下，确认选项设置在"Simple Pyramid"。

"Simple Pyramid"这个默认选项将用锥形单元作为从六面体到四面体的过渡单元。

（10）取消勾选"Boundary layer only"复选框。

（11）选择"Tetramesh parameters"子面板。

（12）在做四面体网格划分时，有 3 种不同的算法可用。选择"Optimize Mesh Quality"选项。

（13）设置四面体核心增长率 interpolate，这样就避免了在核心网中心生成过大的四面体单元的问题。

（14）单击"mesh"按钮生成 CFD 网格，结果如图 5-69 所示。

当这个任务完成后，会自动创建两个集合：CFD boundary layer 和 CFDes Tetrameshcore。

（15）单击"return"按钮关闭面板。

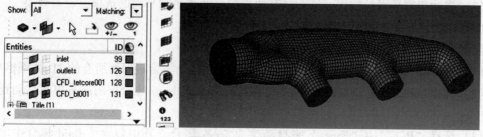

图 5-69　CFD 网格

步骤 5：隐藏一些网格单元来观察内部单元和边界层。

（1）按快捷键 F5 选择要隐藏的单元，观察生成的网格质量。内部网格如图 5-70 所示。

图 5-70　隐藏单元观察内部单元和边界层

（2）用户也可以进入"Hidden Line"面板观察体网格内部。选择"BCs"→"Check"→

"Hidden Lines"命令进入面板，如图5-71所示。

图5-71　进入"Hidden Line"面板观察体网格内部

（3）标题区留空并选择 *yz* 平面，这样将定义 *yz* 平面为切割平面。

（4）保留"trim planes"和"clip boundary elements"被选中，单击"show plot"按钮，生成网格。

（5）单击图形区中的切割平面所在处，按住鼠标左键并拖动鼠标，可以观察到切割平面跟随移动了。

（6）取消"clip boundary elements"选项并单击"show plot"按钮，网格如图5-72所示。

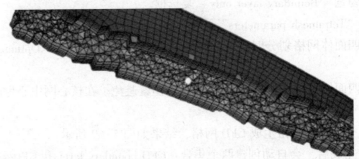

图5-72　取消"clip boundary elements"选项结果

（7）拖动切割平面的位置。试一试其他切割平面和切割平面的选项，看看效果。

（8）单击"return"按钮退出面板。

步骤6：组织模型。

（1）将 CFD Tetramesh core 集合重命名为 fluid。这个集合将保留所有的 3D 体网格单元。

（2）选择"BCs"→"Organize"，将 CFD boundary_layer 集合中的所有单元移动到 fluid 集合中。

（3）选择"BCs"→"Faces"来自动生成^faces 集合，其中包含了 fluid 集合中单元的面网格。

（4）选择"BCs"→"Component"→"Single"来创建两个新组件并命名为 inflow 和 outflow。

（5）在"Model Browser"中单独显示^faces 组件。

（6）选择"BCs"→"Organize"，并选中在 inlet/inflow 平面上的 1 个单元（此单元将被点亮）。

（7）选择"elems"→"by face"，所有在^faces 集合中 inlet/inflow 平面上的单元将被选中。

（8）设置"dest comp"为 inflow，然后单击"move"按钮。同样地，移动^faces 集合中

所有在 outlets 平面上的单元到 outflow 集合。

（9）在"Model Browser"中将 inflow 和 outflow 组件显示出来，如图 5-73 所示。

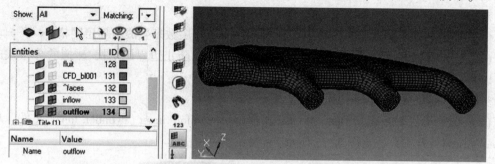

图 5-73　inflow 和 outflow 组件显示

（10）在^faces 集合中所剩的单元是和 wall 集合中相同的，可以把它们删除掉。

（11）同时删除^faces 和 CFD boundary layer 集合，它们现在是空的了。

步骤 7：导出面网格和体网格，并把这些网格导入 FLUENT 中。

（1）仅显示包含要导出单元的组件，这些组件是 fluid. inflow、outflow 和 wall，其他的组件都不要显示。

（2）单击"Export Solver Deck"按钮打开导出标签。

（3）设置"File type"为"CFD"；设置"Solver type"为"Fluent"。

（4）在"File"中单击文件按钮并为文件指定各名称和地点，如图 5-74 所示。

（5）单击"Export"按钮来导出文件。

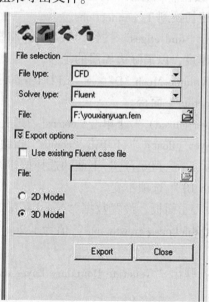

图 5-74　导出模型界面

步骤 8：创建一个 FLUENT 模拟例子。

如果用户的计算机上安装有 FLUENT，可以将 manifold. cas 导入进去并进行模拟。

2. 用边界层厚度自动调整的方法生成 CFD 网格

该方法主要用于在某些面和面距离非常近的区域生成网格。下面将通过实例介绍如下

内容:

(1) 用"CFD Tetramesh"面板为 CFD 软件(Acusolve、CFD、CFX、Fluent、StarCD)生成网格。

(2) 在面和面距离非常近的区域以任意厚度分布和层数来生成边界层网格。

(3) 在那些面之间距离太小的地方,生成一个可以防止边界层干扰/碰撞的分布式的厚度,以适应基线或名义边界层的厚度。

步骤 1:打开文件。

(1) 在工具栏中单击"Open Model",选择"manifol_inner_cylinder. hm"文件,单击"Open"按钮打开文件,如图 5-75 所示。

图 5-75　manifol_inner_cylinder. hm 文件

步骤 2:检查面单元是否定义了一个封闭的体。

(1) 选择"Mesh"→"Check"→"Components"→"Edges"。

(2) 单击"COMPS"按钮并选择所有集合,名字是 inlet. outlets、wall 和 wall cyl。

(3) 单击"Find edges"按钮。状态栏中将显示一条消息:没有找到自由边。

(4) 将"free edges"按钮切换到 T_connections。

(5) 在此选择组件并单击"find edges"按钮。状态栏中将显示:没有找到 T 形连接边。

步骤 3:生成 BL 分布式厚度,以消除边界层的干涉。

(1) 选择"Mesh"→"Volume Mesh 3D"→"CFD tetramesh"。

(2) 选择"Boundary selection"面板。

(3) 在"With boundary layer (fixed)"下单击"comps"按钮,并选择集合 wall 和 wall_cyl。

(4) 在"W/o boundary layer (float)"下单击"comps"按钮,并选择集合 inlet 和 outlets。

(5) 确保"W/o boundary layer (float)"下面的选择按钮设置在 Remesh。

(6) 保留默认的"Smooth BL"选项不变。

(7) 选择"BL parameter"子面板。设置数据"Number of Layers"值为 5,"First layer thickness"值为 0.5,"Layers' thickness growth rate"值为 1.2,"BL quad transition"值为 All Prisms。

(8) 单击"Auto"按钮,弹出"Generate Boundary Layer distributed thickness values"对话框。

(9) 单击"Add collectors with surface elements"按钮,这样打开了组件选择面板。

(10) 选择组成体表面的所有集合,名称为 inlet、outlets、wall 和 wall_cyl,然后单击"proceed"按钮。

(11) "Generate BL Thickness"窗口将显示被选的组件。

(12) 对每一个被选中的组件设置正确的"Bound Type"。设置"wall"和"wall_cyl"组

件的 "Bound Type" 为 wall，设置 "inlet" 和 "outlets" 组件的 "Bound Type" 为 in/outlet。

（13）设置 Boundary Layer options，如图 5-76 所示。

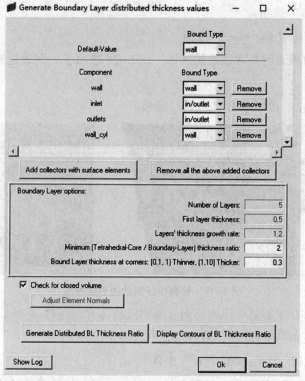

图 5-76 设置 "Bound Type" 和 "Boundary Layer options" 窗口

（14）选择 "Generate Distributed BL Thickness-Ratio" 选项。

（15）几秒钟后将有一个消息框弹出提示 "^CFD_ BL_ Thickness" 集合中的厚度分配式边界层值。

步骤 4：生成边界层网格和四面体核心网格。

（1）在 "CFD Tetra Mesh" 面板中，选择 "Tetramesh parameters" 子面板。

（2）设置四面体网格生成算法为 Optimize mesh quality。

（3）确认四面体增长率设置为 interpolate。

（4）单击 "mesh" 按钮生成网格。完成后将有两个新集合被建立：CFD_ boundary_ layer 和 CFD_Tetramesh_core，如图 5-77 所示。

图 5-77 生成 CFD 网格

步骤 5：隐藏单元检查细小区域的边界层厚度。

（1）单击 "xz Left Plane View" 按钮。

（2）按快捷键 F5 进入"Mask"面板。

（3）选择要被隐藏的单元。隐藏盖住模型上半部分的单元。

（4）单击"mask"按钮。

（5）选择"xy Top Plane View"按钮。

（6）放大观察边界表面非常靠近的区域。图 5-78 展示了如何通过减小边界层厚度来避免边界层干涉。

（7）单击"return"按钮退出"Mask"面板。

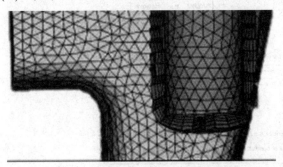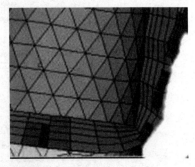

图 5-78　检查小区域的边界层厚度

步骤 6：在为 CFD 求解器导出网格前，整理安排体和面组件。

首先需要把代表单一流体/固体域的单元放入同一组件。

（1）重命名"CFD_Tetramesh_core"组件。

在"Model Browser"中右击"CFD_Tetramesh_core"，然后选择"Rename"命令，键入新的名字 fluid。

（2）选择"BCs"→"Organize"。

（3）选择"elems"→"by collector"→"CFD_oundary_layer"组件。

（4）在"dest component"处选择"fluid"。

（5）单击"move"按钮后再单击"return"按钮。现在"Fluid"组件中放置的都为体网格。

（6）选择"BCs"→"Faces"。

（7）选择"fluid"组件后单击"find faces"按钮，所有的边界面网格将放置在^faces 组件中。

（8）在"Model Browser"中右击"Component"，并选择"Create"命令。

（9）输入"wall_exterior"，将"Card image"设置为"none"，单击"Create"按钮。

（10）创建 3 个空组件，分别命名为 wall_cylinder、inlet annulus 和 outlets3。

（11）用"Organize"面板组织安排组件，选择"BCs"→"Organize"。

（12）设置"dest component"为"wall exterior"。选择"^faces"组件中一个在外壁面的单元。

（13）单击"elems"按钮并选择"by face"。

（14）选择了所有该归并到"wall_exterior"组件中的单元后，单击"move"按钮，结果如图5-79所示。

图 5-79　选择了所有该归并到"wall_exterior"组件中的单元

（15）设置"dest component"为"outlets3"。然后在每个不同的"outlets"面上选择至少一个单元，如图5-80所示。

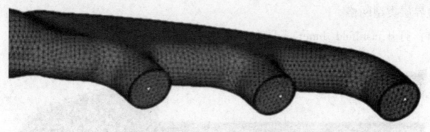

图 5-80　在每个不同的"outlets"面上选择至少一个单元

（16）单击"elems"按钮并选择"by face"。

（17）选择了所有该归并到outlets3组件中的单元后，单击"Move"按钮。

（18）设置"dest component"为"inlet_annulur"。如图5-81所示，选择一个单元。

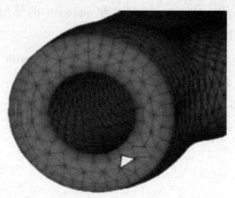

图 5-81　选择一个单元

（19）右击"elems"并选择"by face"。

（20）所有"inlet annulus"面上的单元被选中后，单击"move"按钮将这些单元移动到"inlet_annulus"组件中。现在"^faces"组件中剩下的单元将要被移动到"wall_cylinder"组件中。

（21）设置"dest component"为"wall_cylinder"。

（22）单击"elems"按钮并选择"by collector"。

（23）选择 "^face" 组件。

（24）单击 "move" 按钮，然后单击 "return" 按钮。

步骤 7：导出网格。

（1）确认仅显示用户想要导出的网格组件。

（2）单击 "Export Solver Deck" 按钮，打开 "Export" 标签。选择需要的格式来导出网格。

3. 平面 2D 网格的边界层划分

在本节中，将用实例介绍如下内容：

（1）由边围成的面区域以任意层数和厚度分配生成 2D 边界层类型网格。

（2）在不能生成用户指定的一般边界层厚度的区域，即边界非常靠近的区域，生成高质量 2D 边界层类型网格。

步骤 1：打开 manifold_inner_cylinder. hm 文件，如图 5-82 所示。

图 5-82 仅仅由 PLOTEL（单元类型）单元组成的边界网格

步骤 2：检查在集合 wall、inner wall、inlet 和 outlets 中的单元是否定义了一个封闭的域。

步骤 3：生成 2D 边界层网格。

（1）选择 "Mesh" → "Surface Mesh 2D" → "2D Mesh with BL" 命令。

（2）单击 "2D Native BL（planar）" 标签（图 5-83）。

（3）设置为增加集合时所要分配的默认的值。

● 1st Layer Thickness =0.5。

● Growth Rate =1.1。

● Bound Type =Wall。

● Number of boundary layers =6。

（4）取消勾选 "Retain node seeding on edge w/o BL" 复选框。

（5）单击 "Add collector" 按钮。

（6）在选择面板中单击 "comps" 按钮，选择所有 4 个组件，单击 "select" 按钮，单击 "proceed" 按钮。

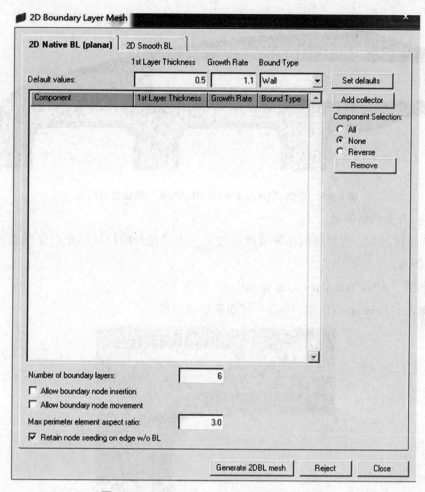

图 5-83　"2D Native BL（planer）"标签

（7）在"2D Boundary Layer Mesh"窗口中，为"Inlet"和"Outlet"组件设置"Bound Type"值为"In/Outlet"，如图 5-84 所示。目的是不沿着"Inlet"和"Outlet"的组件生成边界层。

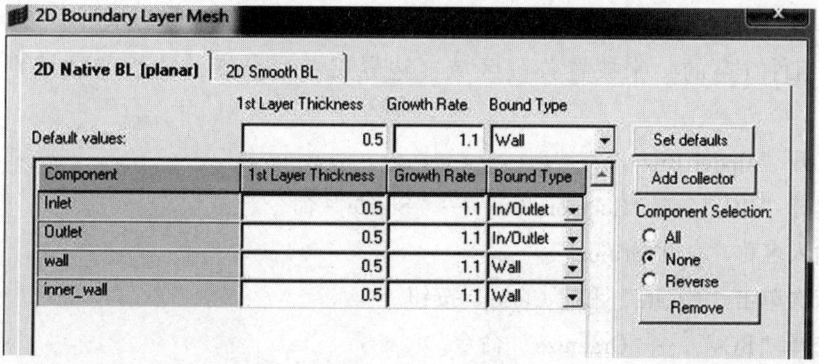

图 5-84　为"Inlet"和"Outlet"组件设置"Bound Type"值

单击"Generate 2D BL Mesh"按钮生成网格，如图 5-85 所示。注意此时网格的质量并不好。

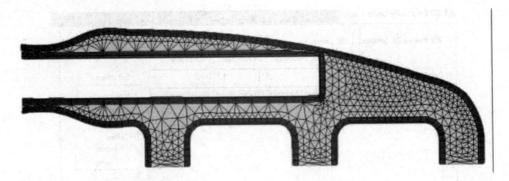

图 5-85　单击"Generate 2D BL Mesh"按钮生成网格

步骤 4：改变网格质量。

由于宽高比过大，边界层网格常常质量较差。生成这种网格往往是过长的边界导致的，如图 5-86 所示。

（1）激活"Allow boundary node insertion"选项。

（2）单击"Generate 2D BL Mesh"按钮来生成网格。

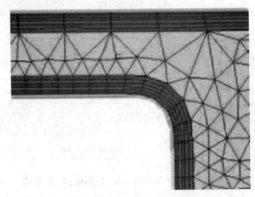

图 5-86　过长的边界常常导致边界层网格质量较差

步骤 5：使用分配厚度式边界层划分来生成边界层和核心区网格。

（1）在"2D Boundary Layer Mesh"窗口中，单击"Reject"按钮移除已创建的网格。

（2）单击"Close"按钮关闭弹出的窗口。

创建新组件（空的）来放置关键区域（边界层单元会导致碰撞的区域）的 PLOTEL 单元。

（3）打开"Model Browser"。

（4）选择"BCs"→"Components"→"Single"命令。

（5）输入名称"wall_critical"。

（6）依次单击"Create"和"Close"按钮。

（7）选择"BCs"→"Organize"命令。

（8）将"dest group/dest component"切换到"dest component"，并选择目标集合为"wall_critical"。

（9）单击"move"按钮，将选择的 PLOTEL 单元移动到目标集合中，如图 5-87 所示。

图 5-87　将选择的 PLOTEL 单元移动到目标集合中

（10）选择"Mesh"→"Surface Mesh 2D"→"2D Mesh with BL"命令。

（11）在"2D Native BL（planar）"标签中单击"Add collector"按钮。

（12）在面板区单击"comps"按钮。

（13）选择组件"wall_critical"。

（14）单击"select"按钮。

（15）单击"proceed"按钮，"wall_critical"组件被增加到了列表中。

（16）设置"wall_critical"组件的"1st Layer Thickness"值为 0.4，如图 5-88 所示。

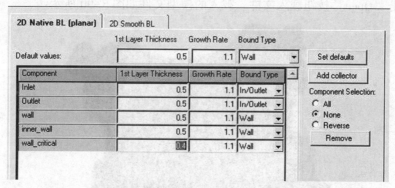

图 5-88　设置"wall_critical"组件的 1st Layer Thickness 值

（17）单击"Generate 2D BL Mesh"按钮来生成网格。

当操作完成后，自动创建了两个组件：2DBLMesh 和 2DCoreMesh。

（18）现在可以放大 wall critical 组件周围的单元来观察如何通过减小总边界层厚度来避免边界层干涉，如图 5-89 所示。

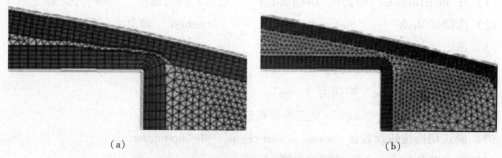

（a）　　　　　　　　　　　　　　　　　　　　　　　　　（b）

图 5-89　减小总边界层厚度来避免边界层干涉

（a）减小前；（b）减小后

4. 带有边界层的六面体核心网格划分

生成一个带有边界层的六面体核心区网格的步骤如下:

• 三角形面网格划分。

• 边界层的生成。

• 六面体核心区网格、金字塔形网格和四边形网格的生成。

• 准备模型的导出。

步骤1:载入 CFD 用户配置。

(1) 从菜单栏中选择"preferences"→"User Profiles"命令。

(2) 对于"Application",选择"Engineering Solutions",并单击 CFD 选择按钮。

(3) 单击"OK"按钮。

步骤2:打开实例文件。

(1) 从工具栏中单击"Open Model"按钮。

(2) 从"install_directory"→"\tutorials\es\cfd"路径目录中选择"ujoint_cfd.hm"文件。

(3) 单击"Open"按钮载入文件。载入的模型文件如图5-90所示。

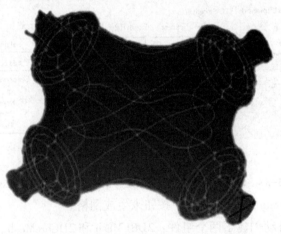

图 5-90　模型文件

步骤3:在面上生成网格。

(1) 在 ModelBrowser 中打开"Component"并右击,同时选择"Show"选项。

(2) 选择"Mesh"→"Surface Mesh 2D"→"Automesh"命令。

(3) 单击"size and bias"子面板。

(4) 设置"element size"为5.0。

(5) 切换"mesh type"按钮为"trias"。

(6) 确认"size"和"skew"复选框都被选中。

(7) 确认切换按钮设置在"elems to surf comp"和"first order"。

(8) 单击黄色的"surfs"按钮并选择"all"。

(9) 单击"mesh"按钮,生成的网格如图5-91所示。

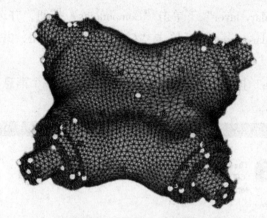

图 5-91 在面上生成网格

步骤 4：划分核心区六面体网格。

（1）选择"Mesh"→"Volume Mesh 3D"→"Hex-core"命令。

（2）输入图 5-92 所示的参数。

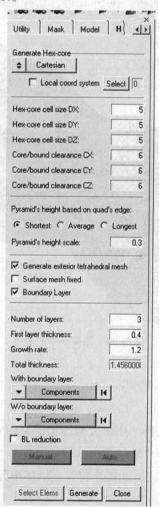

图 5-92 核心区六面体网格参数

（3）在"With boundary layer"下单击"Components"按钮，并选择组件"wall"。

（4）在"W/o boundary layer"下单击"Components"按钮，并选择组件"inflow"和"outflow"。

（5）单击"Generate"按钮。在网格划分完成后，弹出一个消息框，显示一个新的组件被创建，如图 5-93 所示。

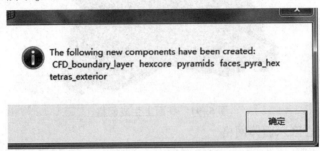

The following new components have been created:
CFD_boundary_layer hexcore pyramids faces_pyra_hex tetras_exterior

确定

图 5-93　弹出消息框

（6）按 F5 键打开"Mask"面板。按 Shift 键，选择隐藏一半的模型。模型的内部结构将被清晰地显示，如图 5-94 所示。

图 5-94　隐藏一半的模型

步骤 5：准备模型的导出。

（1）在 Model Browser 中，右击"component"并选择"Create"。

（2）输入名称"fluid"并单击"Create"按钮。

（3）右击"Component"，选择"show"来撤销隐藏的效果。

（4）从"view"菜单中选择"Mask Browser"。

（5）单击 3D 单元后面的"1"，此操作将仅显示体单元，结果如图 5-95 所示。

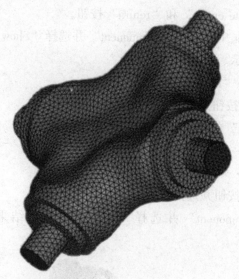

图 5-95　仅显示体单元

（6）选择"Mesh"→"Organize"命令。

（7）单击"elems"并选择"displayed"。

（8）单击"dest component"并选择"fluid"组件。

（9）依次单击"move"和"return"按钮。

（10）在 Mask Browser 中，设置仅 2D 单元为可见，模型如图 5-96 所示。

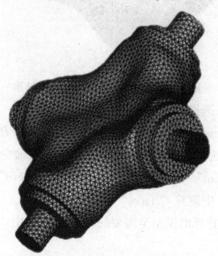

图 5-96　仅 2D 单元为可见

（11）选择"Mesh"→"Delete"→"Elements"命令。单击黄色的"elems"按钮并选择"displayed"。

（12）单击"delete entity"命令，这样将删除模型中所有的 2D 单元。

（13）在"Delete"面板下，单击切换按钮并将"elems"切换为"comps"。单击"comps"并选择已经没有用的组件：CFD_ boundary_ ayer. Hexcore. Pyramids、faces_pyra_hex、tetras _exterior。

（14）依次单击"delete entity"和"return"按钮。

（15）在 Model Browser 中，右击"Component"并选择"Show"来显示剩下的组件。现在仅仅有体单元可以被显示。

（16）选择"BCs"→"Faces"命令。

（17）单击"comps"按钮并选择"fluid"组件。

（18）输入"tolerance"的值为 0.010，并选择"find faces"。单击"return"按钮关闭面板。

（19）选择"BCs"→"Organize"命令。

（20）单击"elems"按钮并选择在入口处的单元。

（21）单击"dest component"并选择"inflow"组件，结果如图 5-97 所示。单击"move"按钮。

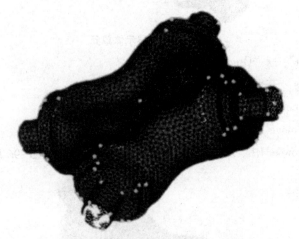

图 5-97 选择"inflow"组件的结果

（22）单击"elems"并选择在出口处的单元。

（23）单击"dest component"并选择"outflow"组件，接着再单击"move"按钮。

（24）单击"elems"，选择"by collector"→"^faces"命令。

（25）在"dest component"中选择"wall"，并单击"move"按钮。

（26）在 Model Browser 中删除"^faces"组件。

（27）显示所有的组件并导出模型至需要的 CFD 求解器中。

第 6 章

Analysis 界面功能

本章内容

Analysis 功能是有限元分析工作中经常会遇到的工作，本章介绍了分析设置内容及步骤、载荷类型定义及添加方法、实体创建及修改及控制卡片等内容，并通过实例说明了具体操作过程，使读者能够快速清理清知识结构，掌握基本操作方法，结合工程案例熟悉工程分析过程。

学习目的

学习分析设置内容及步骤。

学习载荷类型定义及添加。

学习实体创建及修改。

学习控制卡片。

6.1 分析设置总览

6.1.1 什么是分析的设置问题

①定义一个分析除了网格之外的所有信息。

②定义待输出的目标求解器。

③创建材料、属性等。

④在 HyperMesh 通用前处理环境下将各类对象与目标求解器建立映射。

⑤创建边界条件（约束、载荷、接触等）。

⑥定义其他分析所必需的条件（求解控制卡片、运行控制参数等）。

6.1.2 前处理后的整体结果

前处理后的模型结果如图 6-1 所示，相对应的 model 树状图如图 6-2 所示。

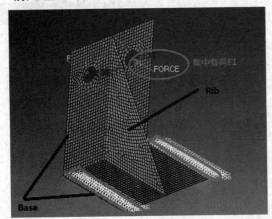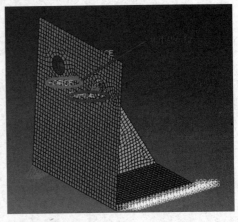

图 6-1 前处理后的模型结果

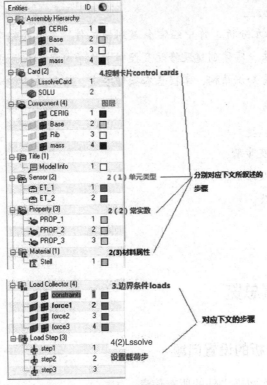

图 6-2 模型树状图

6.1.3 总体步骤

1. 添加模型信息

网格画好后，需要对网格添加一些信息，如材料、属性、单元类型、实常数等，这些可以在图 6-3 所示的面板中添加。

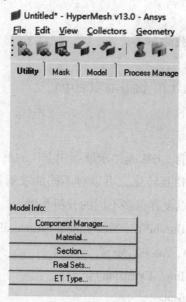

图 6-3　"Ansys Model Information" 页面

注意：有些工程实例中用到的单元类型不需要添加 Sections，仅需要指定 Materials、Real Sets 和 ET Type 三个信息就可以了。

模型信息有以下 4 种：

（1）添加单元类型（ET Type）。

单击 "ET Type"，选择相应的单元类型。

（2）添加实常数（Real Sets）。

根据所选择的适用于该有限元模型的单元模型的类别，添加不同的单元信息。例如：将薄板简化为二维网格（shell 单元）时，需要对二维网格（shell 单元）补充薄板的 "厚度信息"。

（3）材料属性（Materials）。

材料属性包括密度、泊松比、弹性模量等。

（4）部件管理器（Component Manager）。

其由 "单元类型 ID 号（ET Ref. No.）" "属性（实常数）集 ID 号（Real Set No.）" "材料集 ID 号（Mat Set No.）" 等信息构成。

注意：在 HyperMesh 中很注重层的关系，如图 6-4 所示。该模型一共四个层，结合前面的效果图，可以方便地为每个层添加单元类型 ETRef. No、实常数 Real Set No.、材料信息 Mat Set No. 等信息。

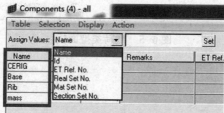

图 6-4　部件层的关系

2. 边界条件（在 Analysis 页面中）

（1）约束 constraints。

（2）外部载荷，例如集中载荷 force。

（3）多步载荷步 load steps。

（4）控制卡片 control cards（在 Analysis 页面中）。

（5）输出 ANSYS CDB 文件。

3. Export Solver Deck

分析设置 HyperMesh 的功能。HM 是"求解器中立"的前处理软件，支持各种不同求解器，能够在支持的求解器之间相互转化，可以对不同的求解器输入文件进行装配，可以定制，以支持其他求解代码。可以设置很多不同的分析类型：

（1）结构（Stress，NVH，Durability，Non-Linear Structural）：

Optistruct，Abaqus，Nastran，Ansys，Marc，nSOFT。

（2）制造（Flow/Mold-Filling，Extrusion）：

Moldflow，CMold，HyperExtrude。

（3）安全性（Impact/Crash，Occupant Safety）：

Dyna，Pamcrash，Radioss，Madymo。

（4）优化（Topology，Topography，Shape，Size/Gauge）：

OptiStruct，Nastran。

6.2 载荷类型定义及添加

6.2.1 载荷类型

Analysis 界面功能中，"load types"里有 9 种不同类型的载荷：force（力），moment（力矩），constraint（约束），pressure（压力），temperature（温度），flux（流量），velocity（速度），acceleration（加速度），equation（方程），如图 6-5 和表 6-1 所示。

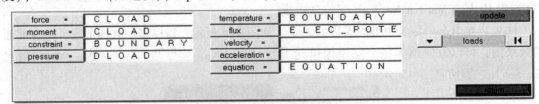

图 6-5 载荷类型面板

表 6-1　载荷类型

force（力）	力载荷允许集中力（质量×长度/时间²）应用于模型。在节点上施加力，并且是加载配置
moment（力矩）	力矩载荷允许集中的力矩（长度×力）被施加到模型。矩被应用于节点，并且是负载配置
constraint（约束）	约束允许约束的自由度在模型上通过约束节点的自由度来定义。约束是负载配置
pressure（压力）	压力负荷允许施加压力（力×长度）。压力施加在元件上，并且是负载配置
temperature（温度）	温度负荷允许集中的温度被施加到模型。温度可以应用于节点、组件表面、集合、点或线，并且是负载配置
flux（流量）	流量负载被定义为每单位时间流经单位面积的量（即量/（长度²×时间））。流量通常用于描述建模时的传输现象，如传热、传质、流体动力学和电磁学。流量被应用于节点，并且是负载配置
velocity（速度）	速度载荷允许将速度（长度/时间）应用到模型中。速度应用于节点，并且是负载配置
acceleration（加速度）	加速度载荷允许在模型上定义加速度（长度/时间²）。加速度可以应用于节点、组件、集合、表面、点或线，并且是负载配置
equation（方程）	方程实体包含定义更复杂载荷的数学方程。它们被用来定义局部和全局坐标系中的线性约束

6.2.2　约束创建与修改

有限元和几何模型及材料等完成定义后，要进行边界条件的施加，这时需要创建 Load Collector，如图 6-6 所示。定义约束条件名称后，单击"create"按钮进行创建。创建完的这个 Load Collector 是空的，"Analysis"面板下面的"constraints"命令可以定义具体的边界条件，如图 6-7 所示。

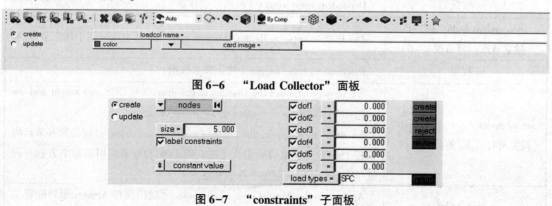

图 6-6　"Load Collector"面板

图 6-7　"constraints"子面板

选择需要定义约束的节点，最终定义完成后如图 6-8 所示。

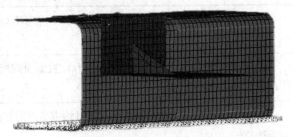

图 6-8 施加了约束的模型

6.2.3 方程的创建与修改

创建方程的对话框如图 6-9 所示。

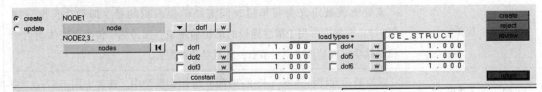

图 6-9 方程创建对话框

方程输入类型见表 6-2。

表 6-2 方程输入类型

输入类型	功能
equation selector（方程选择器）	Select the equation to update.（选择要更新的等式。）
connectivity （连通性）	Allows you to update the connectivity oradd or remove nodes.（允许您更新连接或添加或删除节点。）
dofs and weights （自由度和权重）	Allows you to update the connectivity or add or remove nodes.（允许您更新连接或添加或移除节点。）
dependent node：dof1-6 （非独立节点：自由度 1~6）	The DOF to update on the dependent node.（在依赖节点上更新的 DOF。）
w 权重	Dependent node weight（相依节点权重）
independent node：dof1-6 （独立节点：自由度 1~6）	The DOF to apply to the independent nodes.（自由度应用于独立节点。）
w 权重	Independent node weight（独立节点权重）
set all nodes / set single node （设置所有节点/集合单节点）	Set all nodes applies the changes to the dependent DOF and weight and the independent DOFs and weights to the whole equation. Set single node applies the changes to individual nodes.（设置所有节点将依赖于 DOF 和权重的变化及将独立的 DOF 和权重应用到整个方程。设置单个节点将更改应用于各个节点。）
constant（常数）	Appears in the Abaqus user profile only.（仅出现在 Abaqus 用户配置文件中。）

6.2.4　力的创建与修改

1. 施加集中力

施加载荷同样通过 Load Collector 创建一个层，创建完成后，通过 "Analysis" 面板下的 "forces" 子面板施加集中力，如图 6-10 所示。

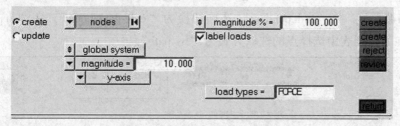

图 6-10　施加集中力的对话框

global system 表示采用的是总体坐标系统，集中力的方向与 Y 轴平行；magnitude 表示图标显示。创建后如图 6-11 所示。

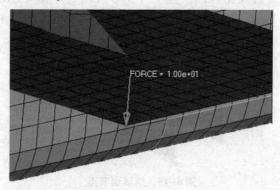

图 6-11　施加集中力

2. 施加扭矩

首先打开 HyperMesh，并通过 "file" → "import" → "model" 导入网格模型，如图 6-12 所示。

图 6-12　网格模型

在工具面板中选择 "1D" → "rigids"，将网格的端面节点依次选中，单击 "create" 按钮创建一个 rbe2 单元，目的是将网格端面的节点连接在一起。

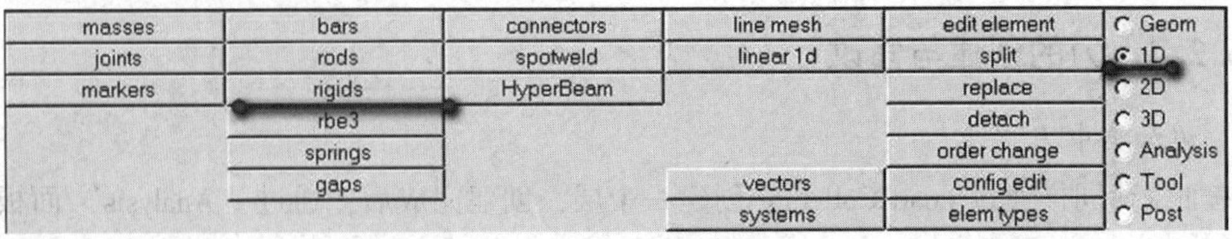

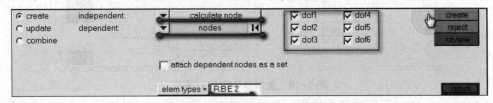

图 6-13　1D 面板

如图 6-14 所示，将"independent"选项切换为"calculate node"，在"dependent"选项中右击，在下拉列表中选择点的选取方式为"by path"。

图 6-14　创建 rbe2 单元对话框

这样就将端面点通过边线路径依次选中（图 6-15），单击"create"按钮生成 rbe2 单元，如图 6-16 所示。

图 6-15　选端面节点

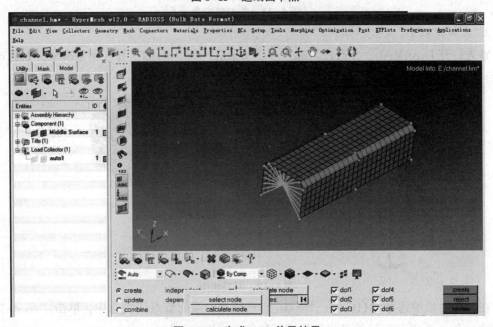

图 6-16　生成 reb2 单元结果

继续在工具面板中选择"analysis"→"moments",进入扭矩施加面板(图 6-17),扭矩施加点选择 rbe2 中心点,扭矩大小设置为 100,方向选择 x-axis,其他设置为默认值。

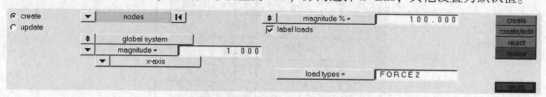

图 6-17　"moments"子面板

单击"create"按钮创建,这样就在模型的端面上施加了一个大小为 100,方向为 X 向的扭矩,如图 6-18 所示。

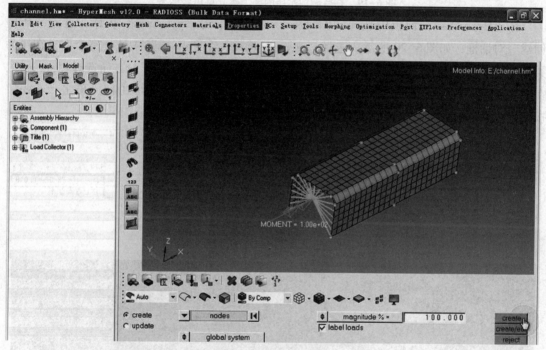

图 6-18　施加扭矩结果

3. HyperMesh 施加按函数规律分布的压力载荷

在实际工程应用中,经常会遇到按函数规律分布的载荷。如轴承在轴承座上产生的压力按正弦规律分布,水对容器产生的压力与水深成正比关系分布。下面将以 HyperWorks/Radioss 求解器为例,介绍在 HyperMesh 中施加按函数规律分布的载荷的方法。

以施加水压载荷为例,水压公式为 $p = \mathrm{RHO} \cdot g \cdot h$,其中 $\mathrm{RHO} = \times 10^{-9}$,$g = 9.8\ \mathrm{m/s^2}$,则压力与深度的函数关系为 $p = 9.8 \times 10^{-9} h$。在待施加水压的面上建立直角坐标系,则压力载荷分布的函数关系式为 $p = 9.8 \times 10^{-9} x$,如图 6-19 所示。

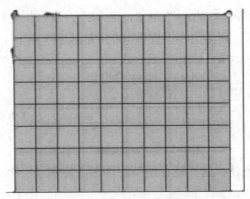

图 6-19 在待施加水压的面上建立直角坐标系

　　在"HyperMesh"面板中选择"Analysis"面板，单击"pressures"按钮，进入"压力创建"对话框，如图 6-20 所示。选择"create"选项，在"elems"中选择整个面，在压力类型中选择"equation"，并在"equation"后输入"9.8e-9 * x"，压力方向选择"normal"，在"system"中选择已建立的直角坐标系，"load types"选择"PLOAD4"，单击"create"按钮创建压力载荷。

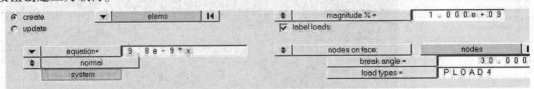

图 6-20 压力创建对话框

创建后的按线性规律分布的压力载荷如图 6-21 所示。

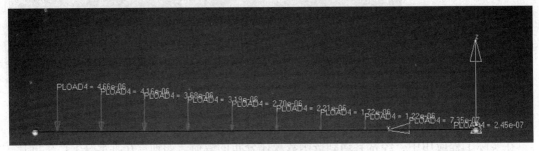

图 6-21 线性规律分布的压力载荷

4. HyperMesh 接触建立设置

对图 6-22 所示的两个上下面建立接触。

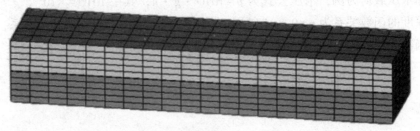

图 6-22 需要建立接触的模型

通过"Analysis"面板下的"interfaces"命令建立接触对。

通过图 6-23 的操作建立一个接触层，然后单击"add"选项，出现图 6-24 的面板。

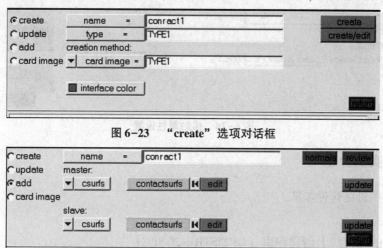

图 6-23　"create"选项对话框

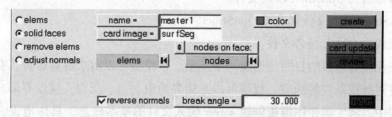

图 6-24　"add"选项对话框

选择主面和从面时，通过"csurfs"的方式，单击"edit"按钮后，出现图 6-25 所示的对话框。

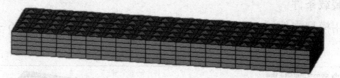

图 6-25　"solid faces"选项对话框

先选择体的所有单元，然后通过"nodes on face"方式选择主面上的四个节点即可，定义后如图 6-26 所示。

图 6-26　通过"nodes on face"方式选择主面的结果

之后还需要回到图 6-24 所示的面板，单击主面的"contacsurfs"后，选择刚刚建立的接触面，之后单击"updata"按钮进行更新。用同样的方式建立 slave 面。单击"review"按钮查看，如图 6-27 所示。

图 6-27　接触面

蓝色表示主面，红色表示从面。创建之后根据需要进行接触属性的设置，单击图 6-24 所示面板中的 "card image"，出现图 6-28 所示的面板，单击 "edit" 按钮设置属性。

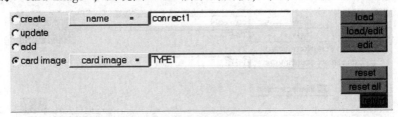

图 6-28　接触属性设置

6.2.5　实例介绍

1. 实例 1：创建载荷工况

学习内容：

- 在通道的几何线上创建约束（OPTISTRUCT SPC）。
- 在支架上创建一个力（OPTISTRUCT FORCE），以模拟对其施加的压力。
- 定义加载步骤（OPTISTRUCT 子案例）。
- 将模型导出到 OptiStruct 输入文件。
- 将 OptiStruct 输入文件提交给 OptiStruct。
- 检查生成的 HTML 报告文件。

使用有限元预处理器的目的是创建一个模型，该模型可以由求解器运行。有限元求解器可以求解零件对加载条件的响应。载荷可以是边界约束、力、压力、温度等形式。

在本教程中，将了解使用模板创建 solver 输入文件的基本概念。具体地说，将了解如何在模型上定义加载条件、指定求解器特定的控件，并将输入文件提交给来自 HyperMesh 的求解器。

练习：设置装载条件

这个练习使用模型文件 channel_brkt_assem_load.hm。它包含如图 6-29 所示的支架和通道组件。

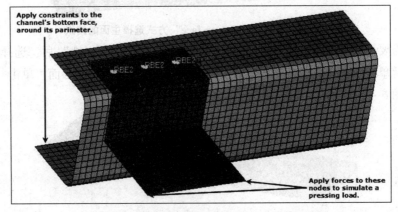

图 6-29　channel_brkt_assem_load.hm 模型文件

步骤 1：加载 OptiStruct 用户配置文件。

（1）通过单击菜单栏中的"Preferences"→"User Profiles"，或者单击标准工具栏上的图标来选择用户配置文件。

（2）在用户配置文件对话框中单击"OptiStruct"按钮。

（3）单击"OK"按钮。

步骤 2：检索和查看 HyperMesh 模型文件 channel_brkt_assem_load.hm。

（1）通过单击菜单栏上的"File"→"Open"→"Model"，或者单击标准工具栏上的图标打开模型文件。

（2）在打开的模型对话框中，导航到 <installation_directory>\tutorials\hm，然后打开 channel_brkt_assem_loading.hm 文件，一个模型出现在图形区域。

步骤 3：创建两个名为 pressing_load 和约束的负载收集器。

（1）在模型浏览器中右击，并从菜单中选择"Create"→"Load Collector"。HyperMesh 在实体编辑器中创建并打开一个负载收集器（图 6-30）。

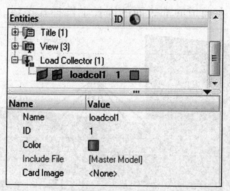

图 6-30　在实体编辑器中创建负载收集器

（2）在"Name"后输入"pressing_load"。

（3）单击"Color"，并为载荷收集器选择颜色。

（4）对于"Card Image"，选择"<None>"，如图 6-31 所示。

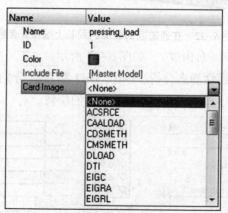

图 6-31　"Card Image"设置

（5）重复本步骤中的（1）～（4），创建另一个载荷收集器标记的约束。

步骤 4：将约束（OPTISTRUCT SPC）应用到通道的行几何。

（1）在模型浏览器中查看文件夹，右击"View2"，并从上下文敏感菜单中选择"Show"。

注意：通过选择这个视图，HyperMesh 将组件和负载收集器的显示设置为保存视图时的显示。在步骤 3 中创建的负载收集器现在已经关闭，因为在保存视图时它们不存在。在接下来的步骤中创建 BCs 时，需要将它们打开，以查看它们的显示。

（2）在"Load Collector"中单击"pressing_load"和约束旁边的 ▦，以打开它们的几何显示。

（3）在"Component"中，单击通道旁边的 ▦，打开其几何显示。

（4）要打开约束面板，单击"BCs"→"Create"→"Constraints"。

（5）转到"create"子面板。

（6）将实体选择器设置为"lines"。

（7）如图 6-32 所示，在通道底部表面的周长上选择 6 条线。

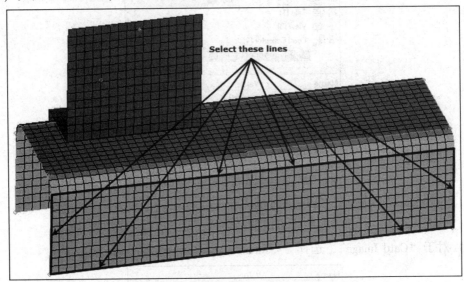

图 6-32　在通道底部表面的周长上选择 6 条线

（8）选择所有 6 个 dofs（自由度），如图 6-33 所示。

注意，对于 OptiStruct 线性静态分析，dof1、dof2 和 dof3 分别表示全局 x、y 和 z 方向的转换，dof4、dof5 和 dof6 分别表示全局 x、y 和 z 轴的旋转。

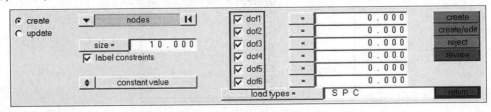

图 6-33　选择 6 个自由度

（9）单击"load types"并选择"SPC"。

（10）单击"create"按钮，HyperMesh 创建约束，如图6-34 所示。

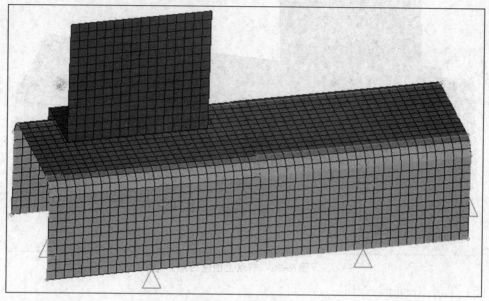

图6-34　创建约束

（11）在"size"字段中输入5。HyperMesh 减少了约束的显示尺寸。

（12）选择标签约束复选框，HyperMesh 为每个约束显示一个标签。

注意：标签标识给约束分配的 dofs。

（13）要返回主菜单，则单击"return"按钮。

步骤5：将几何线上的约束（OPTISTRUCT SPC）映射到与该线路相关联的通道节点。

（1）要打开 Loads on Geometry，则单击菜单栏上的"BCs"→"Loads on Geometry"。

（2）单击"loadcols"。

（3）选择载荷收集器中的"constraints"选项，如图6-35 所示。

图6-35　载荷收集器中"constraints"选项

（4）单击"select"按钮。

（5）单击"map loads"，HyperMesh 在与几何线相关的每个节点上创建一个约束，如图6-36 所示。

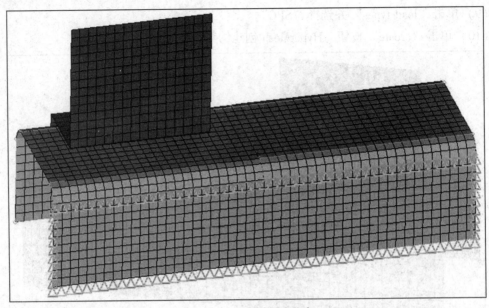

图 6-36 节点上创建约束

（6）单击"return"按钮。

（7）在 Model 浏览器的"Component"中，在所有组件收集器旁边单击 ![icon]，关闭它们的几何显示。

步骤 6：准备在支架上为按压加载情况创建力（OPTISTRUCT FORCE）。

（1）在 Model 浏览器中查看 View，右击 View3 并从弹出的菜单中选择"Show"。

（2）在"Load Collector"中右击"pressing_load"，并从弹出的菜单中选择"Make Current"。

注意："pressing_load"收集器现在是当前负载收集器，创建的任何负载都将放置在此收集器中。

（3）右击"pressing_load"，并从弹出的菜单中选择"Show"。

步骤 7：在支架上创建两个力（OPTISTRUCT FORCE），用于按压加载情况。

（1）要打开"Forces"面板，单击"BCs"→"Create"→"Forces"。

（2）转到"create"子面板。

（3）将实体选择器设置为"nodes"。

（4）选择图 6-37 所示的两个节点。

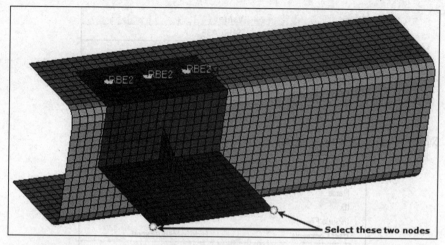

图 6-37 选择两个节点

（5）在"magnitude"中输入 5。

（6）将方向选择器设置为"y-axis"。

（7）单击"load types"并选择"FORCE"。

（8）单击"create"按钮，HyperMesh 创建两个力。

（9）在"magnitude %"字段中输入"200.0"，HyperMesh 增加了力量的显示尺寸。

（10）选择"label loads"选项，每个力显示标签的"FORCE"为 5.00e+00，单击"return"按钮，如图 6-38 所示。

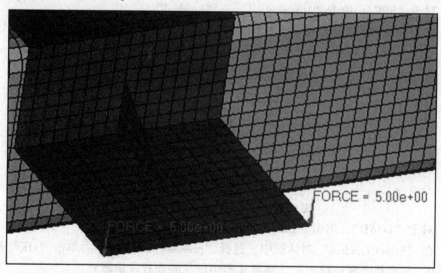

图 6-38 施加负载结果

这两种力是为压缩负载情况而产生的。

步骤 8：为按压加载情况定义加载步骤。

（1）要设置 Load Step，需要在 Model 浏览器中右击，并从菜单中选择"Create"→"Load Step"。HyperMesh 在 Entity Editor 中创建并打开一个加载步骤。

（2）在"Name"后输入"pressing_step"，如图 6-39 所示。

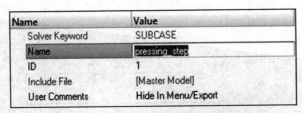

图 6-39　在 Name 上输入 pressing_step

（3）对于"Analysis type"，选择"Linear Static"，如图 6-40 所示。

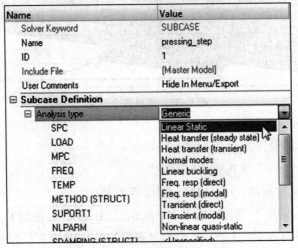

图 6-40　选择"Linear Static"

（4）对于"SPC"，单击"Unspecified"→"Loadcol"。

（5）在"Select Loadcol"对话框（图 6-41）中，选择"constraints"，然后单击"OK"按钮。

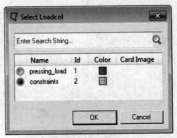

图 6-41　"Select Loadcol"对话框

（6）对于"LOAD"，单击"Unspecified"→"Loadcol"。

（7）在"Select Loadcol"对话框中，选择"pressing_load"，然后单击"OK"按钮。

步骤9：显示和隐藏加载步骤（加载步骤中定义的加载收集器）。

（1）在 Model 浏览器中单击 Load Step 文件夹，右击"pressing_step"并从菜单中选择"Hide"。HyperMesh 隐藏了 pressing_load 和 constraints 加载收集器。

（2）再次右击"pressing_step"并从菜单中选择"Show"。

2. 实例2：在几何上施加载荷

学习内容：创建几何上的负载和边界条件。

●将负载从几何图形映射到元素。

• 导出到求解平台。

• 修改网格并将负载重新映射到新网格。

本练习使用模型文件 c-channel0. hm（图 6-42）。

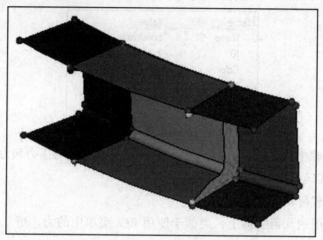

图 6-42 模型文件

步骤 1：检索模型文件 c-channel0. hm。

（1）要选择用户配置文件，则单击菜单栏中的"Preferences"→"User Profiles"，或单击"Standard"工具栏上的 。

（2）在"User Profile"对话框中选择"OptiStruct"。

（3）单击"OK"按钮。

（4）要打开模型文件，则从菜单栏中单击"file"→"open"→"model"，或在标准工具栏上单击 。

（5）在"Open Model"对话框中，导航到<installation_ directory> \ tutorials \ hm 并打开"c-channel0"文件，该模型就出现在绘图区。注意：模型的几何形状是一个 c 通道与两个钢筋肋。各种表面被组织成几个组件收集器。

步骤 2：为约束、力和压力载荷创建三个载荷收集器。

在这个步骤中，创建负载收集器来组织约束、力和压力载荷。

（1）在 Model 浏览器中，右键单击并从上下文敏感菜单中选择"Create"→"Load Collector"。HyperMesh 在实体编辑器中创建并打开一个载荷收集器，如图 6-43 所示。

图 6-43 在实体编辑器中创建并打开一个载荷收集器

（2）对于"Name"，输入"constraints"。

（3）单击"Color"图标，并为负载收集器选择新颜色。

（4）对于"Card Image"，选择"<None>"，如图6-44所示。

Name	Value
Name	constraints
ID	1
Color	
Include File	[Master Model]
Card Image	<None>

图6-44　"Card Image"项设置为"None"

（5）重复本步骤中的（1）～（4），以创建另外名称分别为压力和力的载荷收集器。

注意：现在可以创建不同的边界条件。

定义几何上的载荷和边界条件。

可以将载荷应用到几何实体上，类似于使用BCs菜单中的力、矩、约束、压力和温度面板将载荷应用到网格上的方式。

在以下步骤中，将对模型中的几何实体应用约束、压力和力。首先，将使用线数据约束c通道的底部部分，然后将在顶部表面上创建压力负载，最后对确定c通道顶部表面的8个角施加力，如图6-45所示。

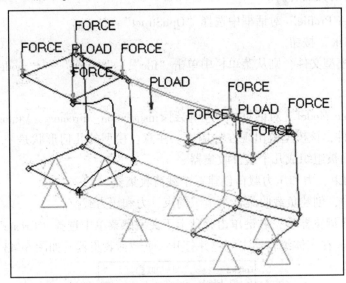

图6-45　对确定c通道顶部表面的8个角施加力

步骤3：使用约束面板完全约束通道的底部8条线。

（1）在Model浏览器的Load Collector文件夹中，右击"constraints"，并从快捷菜单中选择"Make Current"。

（2）要打开"Constraints"面板，则单击"BCs"→"Create"→"Constraints"。

（3）转到"create"子面板。

（4）将实体选择器设置为"lines"。

（5）如图 6-46 所示，选择定义通道底部部分的 8 条线。

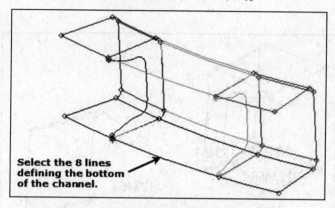

图 6-46 选择定义通道底部部分的 8 条线

（6）在"size"字段中输入"1"。注意，这是用于表示图形区域中的约束的图标大小。

（7）取消选择"label constraints"复选框。

（8）选择"dof1""dof2""dof3""dof4""dof5"和"dof6"复选框。

以上设置如图 6-47 所示。注意，HyperMesh 会限制选择的 dof。dof1、dof2 和 dof3 是 x、y 和 z 的平移自由度，dof4、dof5 及 dof6 是 x、y 及 z 转动自由度。

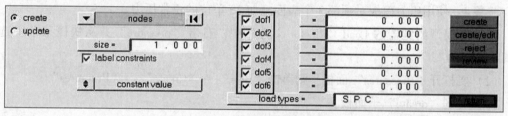

图 6-47 约束面板设置

（9）单击"load types"并选择"SPC"。

（10）单击"create"按钮，HyperMesh 对选中的线条应用约束。

注意，约束用图形区域中的三角形图标表示，如图 6-48 所示。

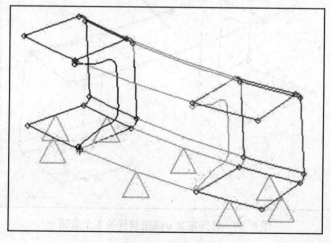

图 6-48 约束设置

（11）可选：要显示受约束的自由度，选择"label constraints"复选框，结果如图6-49所示。

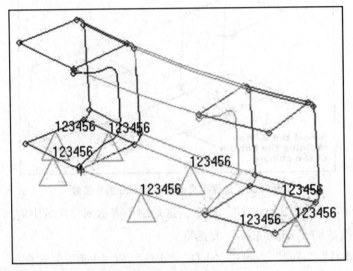

图6-49　显示受约束的自由度

（12）要退出面板，单击"return"按钮。

步骤4：使用压力面板对顶部3个表面施加25单位的正常压力。

（1）在模型浏览器的 Load Collector 文件夹中，右击"pressure"并从快捷菜单中选择"Make Current"。

（2）要打开"Pressures"面板，则单击"BCs"→"Create"→"Pressures"。

（3）转到"create"子面板。

（4）将实体选择器设置为"surfs"。

（5）选择定义 c 通道顶部的3个表面，如图6-50所示。

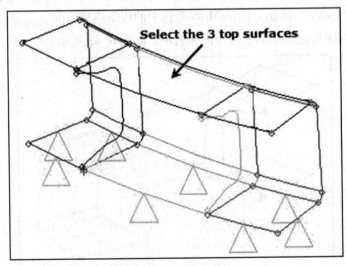

图6-50　选择定义 c 通道顶部的3个表面

（6）在"magnitude"字段中输入"-25"，表示压力。注意：指定一个负幅值可以确保压力负载向下推到表面。默认情况下，HyperMesh 创建表面正常的压力负载。

（7）将压力显示设置为从"magnitude %"至"uniform size"。注意：压力负载在图形区域用箭头表示。可以将箭头的大小作为值输入，也可以作为实际压力负载的百分比输入。在本练习中，将指定它的长度为某个数字。

（8）在"uniform size"字段中输入"1"。注意：这是图形区域压力箭头的显示大小。

（9）取消选择"label loads"复选框。注意：在本练习中，不会在图形区域中显示压力负载的实际值。

（10）单击"load types"并选择"PLOAD"。

（11）单击"create"按钮。HyperMesh 将压力负载应用到选定的表面，如图 6-51 所示。注意，压力负载在图形区域用箭头和标签表示。标签可以是基于模板的（这里是 PLOAD），也可以遵循在选项面板的建模子面板中指定的 HyperMesh。

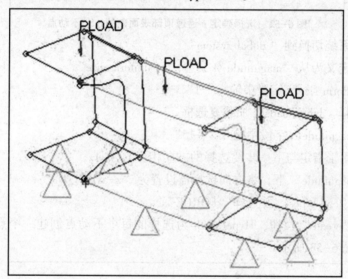

图 6-51　压力负载 PLOAD 应用到选定的表面

（12）要退出面板，单击"return"按钮。

步骤 5：在 3 个顶部表面的 8 个角点创建力。

（1）在模型浏览器的 Load Collector 文件夹中，右击"forces"，并从快捷菜单中选择"Make Current"。

（2）要打开"Forces"面板，则单击"BCs"→"Create"→"Forces"。

（3）转到"create"子面板。

（4）将实体选择器设置为"points"。

（5）如图 6-52 所示，选择确定 c 通道顶部表面角的 8 个不动点。

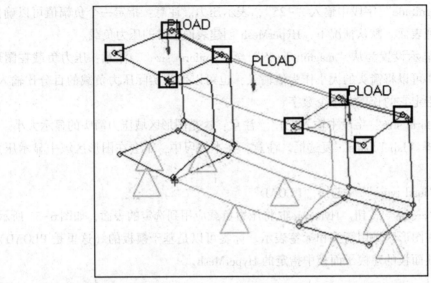

图 6-52 选择确定 c 通道顶部表面角的 8 个不动点

（6）将坐标系统切换到"global system"。

（7）将向量定义为从"magnitude %"至"to uniform size"。

（8）在"uniform size"字段中输入"1"。

（9）取消选择"label loads"加载复选框。

（10）在"magnitude"字段中输入"-15"。

注意，减号用于指定与下一步要选择的方向相反的方向。

（11）在"magnitude"下，将方向选择器设置为"z-axis"。

（12）单击"load types"并选择"FORCE"。

（13）单击"create"按钮，HyperMesh 为选择的每个不动点创建一个点力，给定大小，在 z 方向上，如图 6-53 所示。

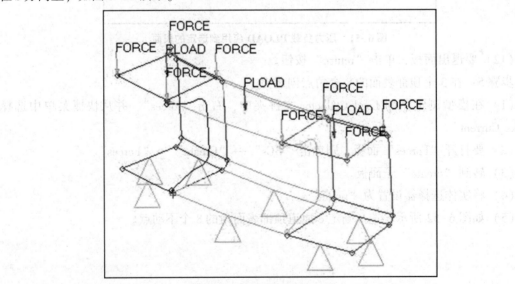

图 6-53 创建在不动点上的力

（14）要退出面板，则单击"return"按钮。注意：如果在错误的负载收集器中组织了一些负载，则使用组织面板将负载移动到正确的收集器中。

步骤 6：在表面上生成元素。

在这个步骤中，使用"Automesh"面板来创建一个 quad dominant（混合）网格。生成的元素将被组织到其表面的组件收集器中，这将避免设置当前组件收集器。

（1）要打开"Automesh"面板，则按 F12 键。

（2）将实体选择器设置为"surfs"。

（3）单击"surfs"→"displayed"。

（4）在元素"size"字段中输入"0.25"。

（5）将"mesh type"设置为"mixed"。

（6）从"elems"切换到"elems to current comp to elems to surf comp."。注意：此选项确保创建的元素将组织到"surface"的组件收集器中。

（7）将啮合模式设置为自动。注意：在这种模式下，HyperMesh 会根据所选元素的大小和类型在表面上自动生成一个 mesh。不需要或不能提供进一步的用户输入。

（8）单击网格。HyperMesh 在表面上创建一个外壳网格，如图 6-54 所示。

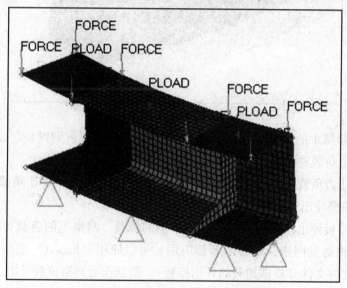

图 6-54　在表面上创建一个 shell 网格

（9）要退出面板，则单击"return"按钮。

在这个步骤中，在表面上创建了一个 shell 网格。在接下来的步骤中，将把应用于几何实体的负载映射到这些有限元素。

步骤 7：将负载从几何图形映射到元素。

负载收集器与组件收集器一样，既可以在几何图形上存储负载，也可以在有限元上存储负载。这两种负载是独立的，可以独立操作。此时，负载收集器仅在 geom 端包含负载。

在这个步骤中，使用"Geom"面板上的负载将几何实体（应用几何负载的对象）的负载映射到与这些几何实体相关联的网格，用于约束和压力负载收集器。

（1）要打开"Loads on Geometry"，则从菜单栏中单击"BCs"→"Loads on Geometry"。

（2）单击"loadcols"。

（3）选择负载收集器"constraints"。

（4）单击"select"。

（5）单击"map loads"，HyperMesh 将以前应用于线条的约束映射到与这些线条相关的网格节点，如图 6-55 所示。

注意：这些约束与应用于几何图形的约束放置在同一个负载收集器中。

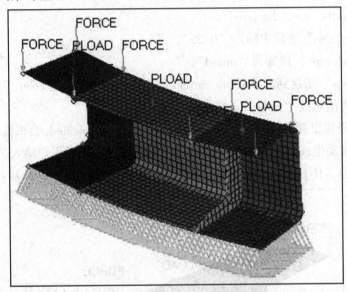

图 6-55　映射到元素的约束

（6）重复本步骤中的（1）～（5），将压力负载传感器映射到网格。HyperMesh 将先前应用于表面的压力负载映射到与这些表面相关的网格节点上。

注意：这些压力负载与应用于几何图形的负载收集器放置在同一个负载收集器中。

步骤 8：将模型导出到求解器平台。

当使用导出模板导出模型时，只导出网格上的负载。网格上的负载可能直接应用于网格，从几何图形映射到网格，或者两者都应用。可以使用"Export"选项卡将负载导出到 ASCII 解析器特定的文件（根据加载的导出模板）。负载作为网格负载导出。

使用自定义模板确定导出了哪些负载。如果全部选中，那么几何图形上没有被映射的所有负载（如果有的话）都被映射到网格上的负载，网格上的所有负载都被导出；如果显示被选中，那么所有显示在网格上的负载（如果有的话）都会被导出。网格上的所有负载都与几何图形上显示的负载相关联（如果有的话）。如果几何图形上的任何加载被显示并且没有被映射，它们将自动被映射到网格上的加载并导出。

在这个步骤中，使用"Model browser"确保只导出已经映射的加载条件。一个负载收集器既存储几何图形上的负载，也存储网格上的负载。网格（或多个网格）与几何实体相关联，几何实体上的载荷被应用到几何实体上。每种负载类型都存储在同一个负载收集器的专用部分。

使用显示面板分离或同时可视化网格上的负载和几何上的负载。关闭应用于几何实体的负载显示，只显示应用于网格的负载。

（1）在模型浏览器的"Load Collector"文件夹中，单击所有加载项旁边的 ，关闭它们的几何体显示，如图 6-56 所示。

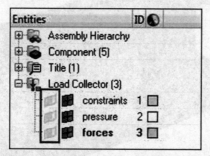

图 6-56　负载收集器的几何体显示关闭

（2）从菜单栏中，单击"File"→"Export"→"Solver Deck"。

（3）在"File"字段中单击 。

（4）在"Save OptiStruct File"对话框中，导航到工作目录并保存文件。

（5）要查看高级导出选项，单击"Export options"旁边的 。

（6）从导出下拉列表中选择"display"。

（7）单击"Export"，HyperMesh 将模型导出为 OptiStruct. fem 输入文件。

注意：由于关闭了模型中负载收集器的几何显示，HyperMesh 只导出先前映射的负载。

在本节中，将尝试导出应用于"Export"选项卡中的几何实体和元素的负载。通过不同组合的 all/display 选项和模型浏览器中显示的加载，可以控制导出什么信息。

步骤 9：修改网格并将负载重新映射到新网格。

当载荷被应用到几何图形时，可以根据需要将它们重新应用到不同的网格上。当需要重新构建模型而不需要删除复杂的负载或边界条件时，这个功能特别有用。重新布局之后，可以轻松地将应用于几何实体的负载或边界条件重新映射到新网格，而当元素本身被删除时，应用于元素的负载将自动删除。

注意：如果删除了应用加载的几何实体，加载将被删除。几何实体的删除不会影响网格上的任何负载。

在这个步骤中，将重新构建表面。

（1）进入"Automesh"面板。

（2）单击"surfs"→"displayed"。

（3）在元素"element size"字段中输入"0.5"。

（4）保持之前使用的所有其他选项不变。

（5）单击"mesh"。automesher 删除现有的元素，并根据新的元素大小创建一个全新的集合，如图 6-57 所示。注意：HyperMesh 移除应用于初始 mesh 的负载，因为元素已经不在那里了。

（6）单击"return"按钮。

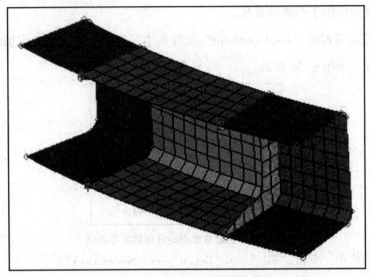

图 6-57　创建一个全新的集合

步骤 10：使用"Geom"面板上的负载将几何图形上的所有负载映射到新的网格。

在这个步骤中，将重新映射应用到几何图形的负载到新的网格。

（1）要打开"Loads on Geometry"，请从菜单栏中单击"BCs"→"Loads on Geometry"。

（2）单击"loadcols"。

（3）选择 constraints、pressure、forces 负载收集器。

（4）单击"select"。

（5）单击"map loads"。HyperMesh 将最初为几何实体定义的加载条件应用到新的 mesh 上，并将不同的加载条件与相应的加载条件应用到几何上的加载收集器，放在同一个加载收集器中。

在这个步骤中，尝试将应用于几何实体的负载重新映射到一个新的网格。应用于几何实体的负载可以多次映射到附加在这些几何实体上的不同有限元实体。例如，在必须更改网格的情况下，此功能非常有用，并且可以避免在元素上重新创建负载。

步骤 11（可选）：保存工作。

所有的练习完成后，如果需要，可以保存模型。

在本例中，使用了几个边界条件创建面板来生成几何实体上的约束和各种加载条件，然后尝试把这些载荷映射到有限元素上。此外，还熟悉了控制几何实体负载导出的规则。

没有考虑到创建特定的卡片图像需要伴随各种加载条件。

6.3　实体的创建与修改

6.3.1　实体创建

通过"Geometry Import"导入实体几何模型。

通过单击"File"→"Import"→"Geometry Toolbar"→"Geometry"导入几何文件，支持 CATIA、Pro/E、UG 等 CAD 软件生成的模型文件。

通过"Solids panel"创建实体几何模型。

Bounding Suris：通过一组封闭的曲面构建实体。

Drag：以某一截面形状为基础，通过拉伸的方式构建实体。

Spin：以某一截面形状为基础，通过旋转的方式构建实体。

通过"Primitives panel"创建实体几何模型。

通过主菜单"Geom"面板下的"Primitives"功能可以建立一些简单的几何体，包括立方体/普通六面体、圆柱/圆锥和球体。

6.3.2　实体编辑

Trim with：将一个已有的实体切分为两个或更多的实体。

Nodes：以节点组为切割工具对实体进行切割。

Lines：以线为切割工具对实体进行切割。

Planes：以三点确定的平面或以基点+法向量确定的平面为切割工具对实体进行切割。

Surfaces：以面为切割工具对实体进行切割。

Merge：将两个或更多的实体合并为一个实体。

Detach：将相连接的实体在连接面处断开。

Boolean：布尔操作。

Union（Solid A+ Solid E）：与 merge 相同。

Intersection（Solid A x Solid B）：仅保留实体 A 与实体 B 的交集。

Removal（Solid A- Solid B）：实体 A 减去实体 B。

Cut（Cut Solid A with Solid B）：以实体 B 为工具切割实体 A，切割结束后保留原有实体，但实体组不再相交。

6.4　控制卡片

碰撞分析控制卡片包括求解控制和结果输出控制，其中 KEY WORD CONTROL TERMI-NATION、DATABASE BINARY D3PLOT 是必不可少的。

其他一些控制卡片如沙漏能控制、时间步控制、接触控制等则对计算过程进行控制，以便在发现模型中存在错误时及时终止程序。

后面将逐一介绍碰撞分析中经常用到的控制卡片，并对每个卡片的作用进行说明。

1. 控制卡片使用规则

卡片相应的使用规则如下：

大部分的命令是由下划线分开的字符串，如 tcontrolass 字符可以是大写或小写，在输入文件中，命令的顺序是不重要的（除了 keyword 和 definet）；关键字命令必须左对齐，以 * 号开始；第一列的"S"表示该行是注释行；输入的参数可以是固定格式或者用逗号分开；空格或者 0 参数，表示使用该参数的默认值。

2. 控制卡片的建立

控制卡片可通过以下方式建立：

用 HyperMesh 在"LS-DYNA"模板下选择"Analysis"面板，单击"control card"，选择相应卡片。

下面介绍在 HyperMesh 中给出碰撞分析中经常使用的卡片的参数设置。

3. 控制卡片参数说明

（1）CONTROL_BULK_VISCOSITY（体积黏度控制）。

体积黏度是为了解决冲击波，如图 6-58 所示。

图 6-58 CONTROL_BULK_VISCOSITY（体积黏度控制）

【Q1】缺省的二次黏度系数（1.5）。

【Q2】缺省的线性黏度系数（0.06）。

【IBQ】体积黏性项。

EQ. -1：标准（对于单元类型为 2、10、16 的壳单元）。

EQ. +1：标准（默认）。

（2）CONTROL_CONTACT（接触控制）（图 6-59）。

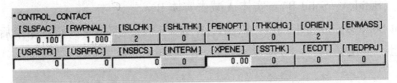

图 6-59 CONTROL CONTACT（接触控制）

【SLSFAC】滑动接触惩罚系数，默认为 0.1。当发现穿透量过大时，可以调整该参数。

【RWPNAL】刚体作用于固定刚性墙时，刚性墙惩罚函数因子系数为 0 时不考虑刚体与刚性墙的作用；大于 0 时，刚体作用于固定的刚性墙，建议选择 1.0。

【ISLCHK】接触面初始穿透检查。为 0 或 1 时，不检查；为 2 时检查。

【SHLTHK】在 STS 和 NTS 接触类型中，即在面−面接触和点−面接触类型中，考虑壳单元厚度的选项。选项 1 和 2 会激活新的接触算法。厚度偏置通常包括在单面接触、约束算法、自动面面接触和自动点面接触类型中。

EQ. 0：不考虑厚度偏置。

EQ. 1：考虑厚度偏置，但刚体除外。

EQ. 2：考虑厚度偏置，包括刚体。

【PENOPT】对称刚度检查，如果两个接触物体的材料性质与单元大小的差异巨大，引起接触主面与从面之间接触应力不匹配，可能导致计算不稳定和计算结果不切实际，这时可以调整该选项克服。

EQ. 1：接触主面和从节点刚度的最小值。（默认）

EQ. 2：用接触主面的刚度值。（过去的方法）

EQ. 3：用从节点的刚度值。

EQ. 4：用从节点的刚度值，面积或质量加权。

EQ. 5：与 EQ. 4 相同，但是厚度加权。通常不推荐使用。

EQ. 4 和 EQ. 5 推荐在金属成型计算中使用。

【THKCHG】单面接触中考虑壳单元厚度变化的选项。

EQ. 0：不考虑。（默认）

EQ. 1：考虑壳单元厚度变化。

EQ. 0：自动设为 1。

EQ. 1：仅自动（part）输入时激活。接触面由 par 定义。

EQ. 2：手动（segment）和自动输入（par）都激活。

EQ. 3：不激活。

【ENMASS】对接触过程中销蚀掉的节点的质量的处理。该选项影响所有当周围单元失效而自动移除相应节点的接触类型。通常，销蚀掉的节点的移除会使计算更稳定，但是质量的减少会导致错误的结果。

EQ. 0：从计算中移除销蚀的节点。（默认）

EQ. 1：保留体单元销蚀的节点，并在接触中继续起作用。

EQ. 2：保留体单元和壳单元销蚀的节点，并在接触中继续起作用。

【USRSTR】每个接触面分配的存储空间，针对用户提供的接触控制子程序。

【USRFRC】每个接触面分配的存储空间，针对用户提供的接触摩擦子程序。

【NSBCS】接触搜寻的循环数（使用三维 Bucket 分类搜索），推荐使用默认项。

【INTERM】间歇搜寻主面和从面接触次数。

【XPENE】接触面穿透检查最大乘数，默认 4.0。

【SSTHK】在单面接触中是否使用真实壳单元厚度，默认 0，不使用真实厚度。

【ECDT】时间步长内忽略腐蚀接触。

（3）CONROL_CPU（CPU 时间控制）（图 6−60）。

图 6-60 CONROL_CPU（CPU 时间控制）

【CPUTIM】用于电流相位分析或重新启动。

EQ. 0：没有 CPU 时间限制。

（4）CONTROL_ENERGY（能量耗散控制）（图 6-61）。

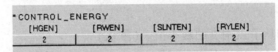

图 6-61 CONTROL_ENERGY（能量耗散控制）

【HGEN】沙漏能计算选项。该选项需要大量存储空间，并增加 10% 的计算开销。计算结果写入 glstat 和 matsum 文件中。

EQ. 1：不计算沙漏能。（默认）

EQ. 2：计算沙漏能并包含在能量平衡中。

【RWEN】延迟能量耗散选项，计算结果写入 glstat 文件中。（默认）

EQ. 1：不计算刚性墙能量耗散。

EQ. 2：计算刚性墙能量耗散并包含在能量平衡中。

【SLNTEN】接触滑移能耗散选项（如果有接触，那么这个选项设置成 2）。计算结果写入 elstat 和 stout 文件中。

EQ. 1：不计算滑移面能量耗散。

EQ. 2：计算滑移面能量耗散并包含在能量平衡中。

【RYLEN】阻尼能耗散选项。计算结果写入 elstat 文件中。

EQ. 1：不计算阻尼衰减能量耗散。（默认）

EQ. 2：计算阻尼衰减能量耗散并包含在能量平衡中。

（5）CONTROL HOURGLASS（沙漏控制）。

【IHQ】总体附加刚度或黏性阻尼方式选项。

EQ. 1：标准 LS-DYNA 类型。（默认）

EQ. 2：Flanagan- Belyschko 积分类型。

EQ. 3：有精确体积的 Flanagan- Belvschko 积分类型。

EQ. 4：类型 2 的刚度形式。

EQ. 5：类型 3 的刚度形式。

EQ. 8：适用于单元类型为 16 的全积分壳单元，当 IHQ = 8 时，激活翘曲刚度，以得到精确解，该选项会增加 25% 的计算开销。

（6）CONTRO_SHELL（壳单元控制）。

【WRPANG】壳单元翘曲角度。当某个翘曲角度大于给定值时，会输出警告信息。默认值为 20。

【ESORT】自动挑选退化的四边形单元，并处理为 CO 三角形单元公式，以保证求解稳定。

EQ.0：不挑选。（默认）

EQ.1：完全挑选并处理。

【IRNXX】单元法线更新选项。该选项影响 Hughes-Liu Belytschko-Wong-Chiang 和 Belytschko-Tsay 单元公式，当且仅当翘曲刚度选项被激活时，即 BWC=1 时，以上单元公式才受影响，对于 Hughes-Liu 壳单元类型 1、6 和 7，IRNXX 必须设为 -2，以调用上表面或下表面作为参考面。

EQ.-1：每个循环都重新计算法线方向。

EQ.0：自动设为 -1。

EQ.1：重启动时计算。

EQ.n：每 n 个循环重新计算法线方向。（只适用于 Hughes-Liu 壳单元类型）

【ISTUPD】单元厚度改变选项，该选项对所有壳单元变形有影响。

EQ.0：不变化。

EQ.1：膜变形引起厚度改变。该选项对金属板料成型或所有膜片拉伸作用很大的情况都很重要。

【THEORY】壳单元使用的理论（默认的是 Belytschko-Tsay，面内单点积分，计算速度很快，采用 Co-rotaional 应力更新，单元坐标系统置于单元中心，基于平面单元假定，建议在大多数分析中使用）。

【BWC】针对 Belytschko-Tsay 单元的翘曲刚度。

EQ.1：增加 Belytschko-Wong-Chiang 公式的翘曲刚度。

EQ.2：Belytschko-Tsay 单元公式，不增加翘曲刚度。（默认）

【MITER】平面应力塑性选项，默认为 1。（运用于材料 3、18、19 和 24）

EQ.1：3 次交叉迭代。（默认）

EQ.2：完全迭代。

EQ.3：不迭代。可能导致错误，慎用。

【PROJ】在 Belytschko-Tsay 和 Belvtschko-Wong-Chiang 单元中翘曲刚度投影方法。这个方法主要运用于显式分析，如果是隐式分析，则此项无效，默认为 0。

【OTASCL】为旋转单元质量定义一个缩放系数。（不太常用）

【INTGRD】通过厚度数值积分法则的默认壳单元，当积分点为 1~2 个时，使用 Gauss 积分；当积分点为 3~10 个时，使用 Lobatto 积分。当积分点为 2 个时，Lobatto 法则非常不准，须用 Gauss 积分。

【LAMSHT】薄壳理论开关。0：不更新切应变修正；1：薄壳理论切应变修正。

【CSTYP6】第 6 种壳单元坐标系的选用。①可变的局部坐标系（默认）；②统一局部坐标系（计算结果有偏差，但效率比较高）。

【TSHELL】允许热传导通过有厚度的壳单元。

（7）CONTROL_TERMINATION（计算终止控制卡片）（图6-62）。

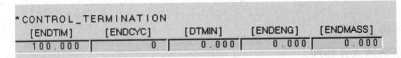

图6-62　CONTROL_TERMINATION（计算终止控制卡片）

【ENDTIM】强制终止计算时间，必选，默认为0.0。

【ENDCYC】终止循环次数。终止时间 ENDTIN 之前，程序达到指定循环次数即终止计算。循环次数等于时间步的数目。

【DTMIN】确定最小时间步长 TSMIN 的因子，TSMN = DTMIN - DTSTART。

其中 DTSTART 为程序自动确定的初始步长，当迭代步长小于 TSMIN 时，程序终止。

【ENDENG】能量改变百分比，超过设定值则终止计算。默认为0.0，不起作用。

【ENDMASS】质量变化百分比，超过设定值则终止计算，仅用于质量缩放 DT2MS 被使用时。默认为0.0，不起作用。

（8）CONTROL_TIMESTEP（时间步长控制卡片）（图6-63）。

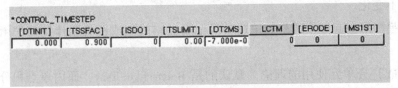

图6-63　CONTROL_TIMESTEP（时间步长控制卡片）

计算所需时间步长时，要检查所有的单元。出于稳定性原因，用0.9（缺省）来确定最小时间步：$\Delta t = 0.9l/c$，特征长度 l 和波的传播速度 c 都与单元的类型有关。

【DTINIT】初始时间步长，如为0.0，则由 DYNA 自行决定初始步长。

【TSSFAC】时间步长缩放系数，用于确定新的时间步长，默认为0.9。当计算不稳定时，可以减小该值，但同时增加计算时间。

【ISDO】计算4节点壳单元时间步长（不同的值对应特征长度的不同算法，推荐使用2，因为此选项可以获得最大的时间步长，但有三角形单元存在时，会导致计算不稳定）。

EQ. 0：特征长度 = 面积/min{最长边，最长对角线}。

EQ. 1：特征长度 = 面积/最长对角线。

EQ. 2：时间步长取决于条波速度（bar wave speed）和 MAX（最短面积/min{最长边，最长对角线}）。该选项提供的时间步长相对很大，可能导致计算不稳定，尤其是在应用三角形单元时。

EQ. 3：时间步长取决于最大特征值。该选项适用于材料的声音传播速度渐变的结构。用于计算最大特征值的计算开销是很有意义的，但时间步长的增长通常考虑不用质量缩放的较短的计算周期。

【TSLIMIT】不建议使用该选项，因为使用 DT2MS 选项更好。其指定壳单元最小时间步长。当某一单元的时间步长小于给定值时，该单元的材料属性（弹性模量而不是质量）将被调整，使其时间步长不低于给定值。该选项只适用于以下材料：MAT PLASTIC

KINEMATIC，MAT_POWER_PLASTICITY，MAT STRAIN RATE DEPENDENT PLASTICIT，MAT_PIECEWISE⊥LINEAR PLASTICITY。不推荐所谓的刚度缩放选项。下面的 DT2MS 选项适用于所有材料和所有单元类型，并且是首选的。如果 TSUMIT 和 DT2MS 两个选项都被激活并且 TSUMIT 值为正，则 TSUT 的值自动置为 1E-18，使其功能被屏蔽。如果其值为负，并且其绝对值大于 |DT2MS|，则 |TSUMIT| 优先应用到质量缩放中，如果其绝对值小于 |DT2MS|，则 TSUMIT 的值自动置为 1E-18。

【DT2MS】因质量缩放计算得到的时间步长。

当设置为小于 0 时，初始时间将不会小于 TSSFAC·DT2MS，质量只是增加到时间步小于 TSSAFCMIDT2MS 的单元上。当质量缩放可接受时，推荐用这种方法。用这种方法时，质量增加是有限的，过多的增加质量会导致计算终止。

当设置为大于 0 时，初始时间步长不会小于 DT2MS。单元质量会增加或者减小，以保证每一个单元的时间步都一样。这种方法尽管不会因为过多增加质量而导致计算终止，但更难以做出合理的解释。默认为 0.0，不进行质量缩放。

【LCTM】限制最大时间步长的 Load-curve，该曲线定义最大允许时间步长和时间的关系（可选择）。

【ERODE】当计算时间步长小于 TSMN（最小时间步长）时，体单元和 t-shell 被自动删除。到达 TSMIN（见卡片 CONTROL_TERMINATION）时，实体单元被侵蚀标记。如果此项不设，计算会终止。

EQ. 0：无侵蚀。

EQ. 1：有侵蚀。

【MSIST】限制第一步的质量缩放，并且根据之前的时间步确定质量矢量。

EQ. 0：否。

EQ. 1：是。

【DT2MSF】决定最小时间步长初始时间步长缩减系数，如果使用，DT2MS = DT2MSF $* \Delta t$。

【DT2MSLC】在显示分析中把 DT2MS 指定为时间的函数，使用 load-cune 定义。

4. 控制卡片简单运用实例

HM-4010：分析的格式化模型。

在本教程中，将学习如何：

- 使用模板创建求解器输入文件。
- 检查 HyperMesh 中的实体，看看它们将如何出现在 solver 输入文件中。
- 定义材料和属性。
- 为 HyperMesh 元素配置选择 solver 元素类型。

使用有限元（FE）预处理器的目的是创建一个可以由求解器运行的模型。其具有许多 FE 解决方案的超网格接口，并且所有这些接口都具有唯一的输入文件格式。HyperMesh 所支持的每个求解器都有唯一的模板。模板包含特定于解析器的格式化指令，HyperMesh 使用这些指令为该解析器创建一个输入文件。

练习 1：对壳组件进行线性静力学设置

该练习 1 使用文件为 channel_brkt_assem_analysi.hm。它包含图 6-64 所示的支架和通

道组件。

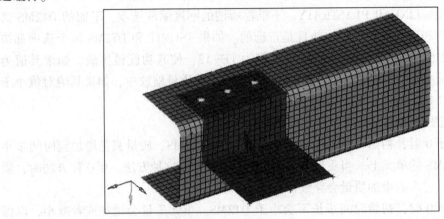

图 6-64 channel_brkt_assem_analysi. hm 文件

步骤 1：加载 OptiStruct 用户配置文件。

（1）单击菜单栏中的"Preferences"→"User Profiles"，或者单击"Standard"工具栏上的 ![icon] 图标，选择用户配置文件。

（2）在"用户配置文件"对话框中选择"OptiStruct"。

（3）单击"OK"按钮。

步骤 2：检索并查看文件 channel_brkt_assem_analysi. hm。

（1）要打开模型文件，则单击菜单栏上的"File"→"Open"→"Model"，或者单击"Standard"工具栏上的 ![icon] 图标。

（2）在"Open Model"对话框中，导航到<installation_directory>\tutorials\hm，并打开 channel_brkt_assem_analysis 文件，模型将出现在图形区域。

步骤 3：查看支架单元，以确定它是什么类型的 OptiStruct 元素，并查看如何在 OptiStruct 输入文件中对其进行格式化。

（1）单击"Collectors"工具栏上的 ![icon] 图标，打开"Card Edit"面板。

（2）将实体选择器设置为"elems"。

（3）在图形区域中选择"bracket"组件上的一个元素。

注意：bracket 组件是蓝色的。

（4）单击"edit"按钮，打开"Card Image"，并指示所选的元素是 OptiStruct CQUAD4 或 CTRIA3，这取决于选择的是 quad 还是 tria 单元。

（5）单击"return"按钮，关闭"Card Image"。

（6）单击"return"按钮，退出"Card Edit"面板。

步骤 4：通过从模型浏览器访问卡片编辑器来查看和编辑现有的钢材质的卡片图像。

该材料是为通道定义的。

（1）在模型浏览器的标签区单击"mATERIAL"前的"+"号，单击"steel"。打开"Entity Editor"并显示材料的相应数据，如图 6-65 所示。注意：卡片图像表明材料是"MAT1"。

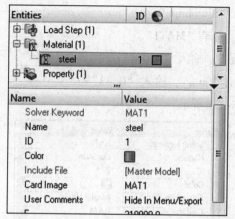

图 6-65　打开 "**Entity Editor**" 并显示材料的相应数据

（2）对于 NU（Poisson's Ratio），将值由 0.3 更改为 0.28，如图 6-66 所示。

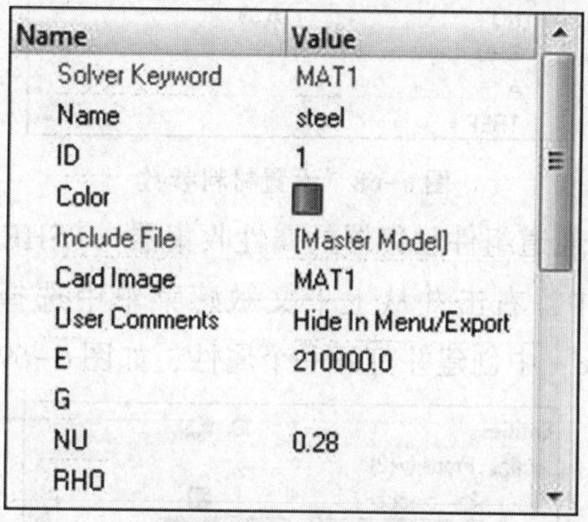

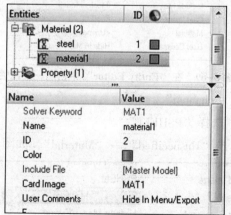

图 6-66　修改 NU 值

步骤 5：为支架定义一个名为铝的材料收集器。

该材料是为通道定义的。

（1）在 Model 浏览器中，右键单击并从上下文敏感菜单中选择 "Create"→"Material"。
HyperMesh 在 "Entity Editor" 中创建并打开一个材料，如图 6-67 所示。

图 6-67　在 "**Entity Editor**" 中创建一个材料

（2）对于 Name，输入 "aluminum"。

（3）对于 Card Image，选择 "MAT1"。

（4）对于 E（杨氏模量），输入 "7.0e4"。

（5）对于 NU（Poisson's Ratio），输入 "0.33"。

设置材料参数，如图 6-68 所示。

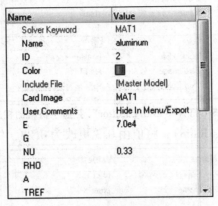

图 6-68　设置材料参数

步骤 6：定义将分配给通道组件收集器的属性收集器（PSHELL 卡片映像）。

（1）在 Model 浏览器中，右击并从上下文敏感菜单中选择 "Create" → "Property"。HyperMesh 在 "Entity Editor" 中创建并打开一个属性，如图 6-69 所示。

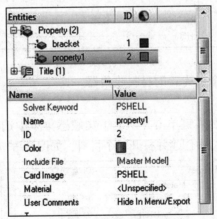

图 6-69　在 "Entity Editor" 中创建一个属性

（2）对于 Name，输入 "channel"。

（3）对于 Card Image，选择 "PSHELL"。

（4）对于 Material，单击 "Unspecified" → "Material"，如图 6-70 所示。

图 6-70　单击 "Material" 按钮

（5）在"Select Material"中选择"steel"，然后单击"OK"按钮。HyperMesh 指定材料，如图 6-71 所示。

图 6-71　指定材料

（6）对于 T（厚度），输入"3.0"，如图 6-72 所示。

Name	Value
Solver Keyword	PSHELL
Name	channel
ID	2
Color	
Include File	[Master Model]
Card Image	PSHELL
Material	steel (1)
User Comments	Hide In Menu/Export
T	3.0
MID2_opts	
I12_T3	
MID3_opts	
TS_T	

图 6-72　T（厚度）赋值

步骤 7：将通道属性分配给通道组件。

（1）在 Model 模型浏览器中的"Component"组件文件夹中，单击"channel"通道，打开"Entity Editor"实体编辑器并显示组件的相应数据，如图 6-73 所示。

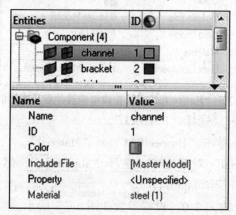

图 6-73　打开"Entity Editor"实体编辑器并显示组件的相应数据

（2）对于"Property"，单击"Unspecified"→"Property"，如图 6-74 所示。

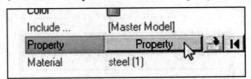

图 6-74　单击"Property"

（3）在"Select Property"对话框中选择"channel"，然后单击"OK"按钮。HyperMesh 将属性通道分配给组件 channel，如图 6-75 所示。

图 6-75　将属性通道分配给组件 channel

步骤 8：更新支架属性，使其具有 PSHELL 卡片映像、2.0 厚度和铝质材料。

（1）在 Model 浏览器的 Property 文件夹中，单击"bracket"。打开"Entity Editor"实体编辑器并显示属性的相应数据，如图 6-76 所示。

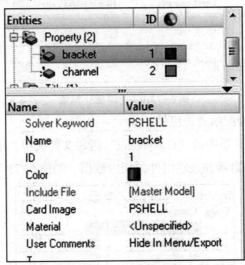

图 6-76　打开"Entity Editor"实体编辑器并显示属性的相应数据

（2）对于"Card Image"，选择"PSHELL"。

（3）对于"Material"，单击"Unspecified"→"Material"。

（4）在"Select Material"对话框中，选择"aluminum"，然后单击"OK"按钮。HyperMesh 将材料 aluminum 分配给 bracket。

（5）对于 T（厚度），输入 2.0，设置参数如图 6-77 所示。

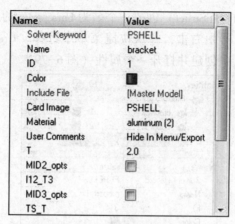

图6-77　更新支架属性

步骤9：使用 HyperBeam 计算 bar 元素（OptiStruct CBEAM）的截面属性。

（1）要打开"HyperBeam"面板，则单击菜单栏中的"Properties"→"HyperBeam"。

（2）转到"standard section"子面板。

（3）将"standard section library"设置为"HYPERBEAM"。

（4）将"standard section type"设置为"solid circle."。

（5）单击"create"按钮，HyperMesh 调用 HyperBeam 模块。

注意：如图6-78所示，深灰色圆圈代表横截面。在局部坐标系下，会看到10，这是圆的半径。

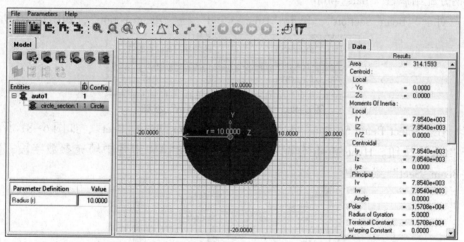

图6-78　bar 元素（OptiStruct CBEAM）的截面属性

（6）在"Parameter Definition"中单击"Radius（r）"旁边的"Value"字段，将值从10更改为3。HyperMesh 更新数据窗格中的值，以反映圆的新直径。

（7）在模型浏览器中，右键单击"circle_section"，从上下文敏感菜单中选择"Rename"。

（8）在可编辑字段中，重命名为6mm_Beam_Sect。

（9）要关闭 HyperBeam 模块并返回到 HyperMesh 会话，则单击菜单栏中的"File"→"Exit"。

（10）要返回到主菜单，则单击"return"。

步骤10：为 bar 元素（OptiStruct）创建一个名为 bars_prop 的属性收集器。

（1）在"Model"浏览器中右击，并从快捷菜单中选择"Create"→"Property"。HyperMesh 在"Entity Editor"中创建并打开一个属性（图6-79）。

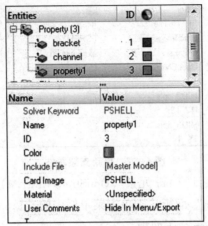

图6-79　在"Entity Editor"中创建一个属性 **property1**

（2）对于"Name"，输入"bars_prop"。

（3）对于"Card Image"，选择"PBEAM"。

（4）对于"Material"，单击"Unspecified"→"Material"。

（5）在"Select Material"对话框中，选择"steel"，然后单击"OK"按钮，HyperMesh 将材质钢分配给属性"bars_prop"。

（6）对于"Beam Section"，单击"Unspecified"→"Beamsection"，如图6-80所示。

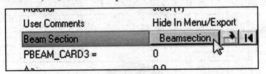

图6-80　单击"Beamsection"按钮

（7）在"Select Beam Section"对话框中选择"6mm_Beam_Sect"，如图6-81所示，然后单击"OK"按钮。HyperMesh 分配梁部分，并在 PBEAM 卡片中填充参数字段，数据在"6mm_Beam_Sect"梁节中。

图6-81　在"Select Beam Section"对话框中设置参数

步骤 11：更新螺栓组件中的 CBEAM 元素，以使用 PBEAM 属性。

（1）在 Model 浏览器的 "Component" 中，单击 "bolts"，打开 "Entity Editor" 实体编辑器并显示组件的相应数据，如图 6-82 所示。

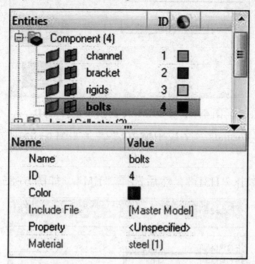

图 6-82　打开 "Entity Editor" 实体编辑器并显示组件的相应数据

（2）对于 "Property"，单击 "Unspecified" → "Property"。

（3）在 "Select Property" 对话框中，选择 "bars_prop"，然后单击 "OK" 按钮。HyperMesh 将属性 "bars_prop" 分配给组件 bolts（图 6-83）。

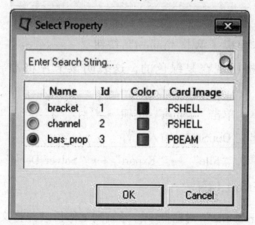

图 6-83　将属性 "bars_prop" 分配给组件 bolts

步骤 12：使用控制卡面板定义要从 OptiStruct 输出的 H3D 文件。

（1）要打开 "Control Cards"，则单击 "Setup" → "Create" → "Control Cards"。

（2）在 "Card Image" 中选择控制卡 "FORMAT"。

注意：在卡片图像中，FORMAT 设置为 H3D，如图 6-84 所示。这指定 OptiStruct 将结果输出到 Hyper3D（H3D）文件，该文件可以在 "HyperView Player" 中查看。一个 HTML 报告文件将被输出，H3D 文件将被嵌入其中。

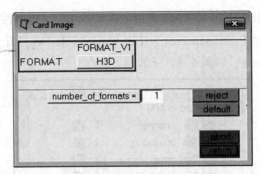

图 6-84　FORMAT 选项设置为 H3D

（3）在"number_of_formats"字段中输入"2"，如图 6-85 所示。第二个格式行出现在卡片图像中。

（4）在第二格式行单击"H3D"，然后选择"HM"，如图 6-85 所示。

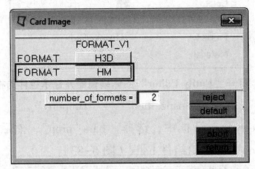

图 6-85　"Card Image" 对话框设置

（5）要退出到控制卡面板，单击"return"按钮。

注意："FORMAT"按钮现在是绿色的，这表明该卡片将被导出到 OptiStruct 输入文件中。

（6）要返回到主菜单，单击"return"按钮。

步骤 13：将模型导出到 OptiStruct 输入文件。

（1）在菜单栏中，单击"File"→"Export"→"Solver Deck"。

（2）在"File"字段中单击📂。

（3）在"Save OptiStruct file"对话框中，导航到工作目录并将文件保存为 channel_brkt_assem_load. fem。

（4）单击"Export"。HyperMesh 将模型导出为一个 OptiStruct. fem 输入文件，用于当前用户配置文件指定的求解器。

步骤 14：查看文件"channel_brkt_assem_load. fem"的内容。

（1）在任何文本编辑器（"Notepad""Wordpad""Vi"等）中，打开文件 channel_brkt_assem_load. fem，如图 6-86 所示。

（2）在文件顶部附近注意以下内容：

●行格式 HM，是在 HyperMesh 中指定的。

- 加载步骤名为 pressing_step，是在 HyperMesh 中定义的。
- 在负载步骤下，负载收集器 id（OptiStruct load and constraint set identification number）。

```
FORMAT H3D
FORMAT HM
$$---------------------------------------------------------------------------------------$
$$                          Case Control Cards                                            $
$$---------------------------------------------------------------------------------------$
$
$HMNAME LOADSTEP                    1"pressing_step"            1
$
SUBCASE          1
  SPC =          2
  LOAD =          1
```

图 6-86　查看文件 channel_brkt_assem_load. fem 的内容

（3）搜索"FORCE"。

（4）注意每个力（OptiStruct force）的负载设置识别号，它可以是 1 或 2，如图 6-87 所示。这些数字对应于文件中 load 步骤下的数字。

```
$   FORCE Data
$
FORCE          1      2587       01.0      0.0      5.0      0.0
FORCE          1      2571       01.0      0.0      5.0      0.0
```

图 6-87　FORCE 数据

（5）搜索"SPC"（超网格约束）。

（6）注意每个约束的约束集标识号（OptiStruct SPC）。图 6-88 列出了一些约束，其约束集标识号为 2。这个数字对应于文件中 load 步骤下的数字。

```
$$   SPC Data
$$
SPC           2        59   1234560.0
SPC           2       698   1234560.0
SPC           2       699   1234560.0
SPC           2       700   1234560.0
SPC           2       701   1234560.0
SPC           2       702   1234560.0
```

图 6-88　SPC 数据

（7）搜索负载收集器"pressing_load"。

（8）注意负载收集器 pressing_load 和 constraints（图 6-89）。另外，请注意它们的收集器 ID 和颜色 ID。

```
$$---------------------------------------------------------------------------------------$
$$ HyperMesh Commands for loadcollectors name and color information $
$$---------------------------------------------------------------------------------------$
$HMNAME LOADCOL                     1"pressing_load"
$HWCOLOR LOADCOL                    1        5
$$
$HMNAME LOADCOL                     2"constraints"
$HWCOLOR LOADCOL                    2       49
```

图 6-89　pressing_load、constraints 数据

（9）关闭文件 channel_brkt_assem_loading. fem。

步骤 15（可选）：保存工作。

练习完成后，如果需要，可以将模型保存为一个超网格文件。

实例 2：使用 HyperBeam 创建梁单元截面属性

在本实例中，将学习如何：

●使用 HyperBeam 获取不同类型的光束截面的属性。HyperBeam 是超网格中的一个模块。

●使用这些光束属性填充属性收集器的字段。

●将属性收集器分配给创建的波束元素。

在 FEA 中，梁通常被建模为一维元素。

练习：利用超光束获得和分配光束截面特性。

这个练习使用模型文件 hyperbe. hm，如图 6-90 所示。

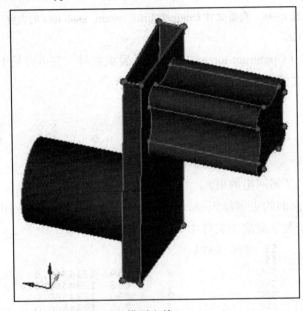

图 6-90 模型文件 **hyperbe. hm**

该模型由一个固定在空心梯形结构上的固体圆柱体组成，该圆柱体进一步连接到不规则形状的固体部件（见前面的图像）。

步骤 1：加载 OptiStruct 用户配置文件。

（1）要在 HyperMesh 桌面选择用户配置文件，则单击菜单栏中的 "Preferences" → "User Profiles"，或者单击标准工具栏上的 图标。

（2）在 "User Profile" 对话框中选择 "OptiStruct"。

（3）单击 "OK" 按钮。

步骤 2：检索和查看文件 hyperbeam. hm。

（1）要打开模型文件，则单击菜单栏上的 "File" → "Open" → "Model"，或者单击标准工具栏上的 图标。

（2）在 "Open Model" 对话框中，导航到 <installation_ directory>\tutorials \hm，然后打开 hyperbeam 文件，一个模型出现在图形区域。

注意：该模型的几何形状代表了不同类型的横截面：标准、外壳和实体。在接下来的步骤中，将创建一个标准的圆形截面来表示圆柱体的横截面、一个带线的壳体截面表示空心梯形特征的横截面，以及一个带线的实截面，以表示固体不规则特征的横截面。

这个模型被组织成四个收集器：一个包含所有的表面、两个包含 shell-section 和 solid-section 的线，最后一个组件存储约束元素。

步骤3：使用"HyperBeam"创建一个标准的圆形截面。

在这个步骤中，将使用"HyperBeam"面板中的"standard section"子面板来快速创建一个实心圆形截面。

为了定义圆形截面，"HyperBeam"要求将截面的直径作为输入。在调用 HyperBeam 之前，使用离 Geom 页面的距离面板测量截面的直径。

（1）在圆形上创建三个节点，使用节点面板定义实体圆柱体的底部，执行以下操作：

● 在菜单栏中单击"Geometry"→"Create"→"Nodes"→"Extract on Line"，当线条选择器处于活动状态时，选择定义圆柱体底部的圆形线条。

● 在"number of nodes"字段中输入"3"。

● 单击"create"按钮，HyperMesh 在这条线上生成三个节点，其中两个节点位于同一位置（因为循环线是一条自闭的线），如图 6-91 所示。

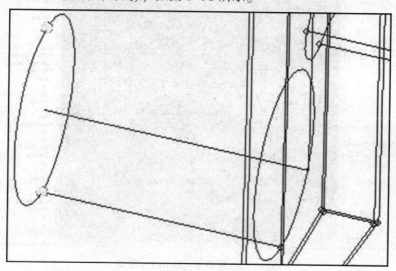

图6-91 在线上生成三个节点

● 单击"return"按钮返回。

注意：剩下两个独立的位置，可以测量直径。

（2）使用距离面板测量两个节点之间的距离、直径相对于两个节点的距离，方法如下：

● 在菜单栏中单击"Geometry"→"Check"→"Nodes"→"Distance"。

● 转到"two nodes"子面板。

● 使用 N1 和 N2 选择器，选择圆形线上的两个节点，这两个节点定义圆柱体的底部，它们是直径相反的。"distance"字段读取 110 个单位，表示两个节点之间的距离和圆的直径。

● 单击"return"按钮。

（3）在 HyperBeam panel 中创建一个实心圆标准截面，方法如下：

- 在菜单栏中单击"Properties"→"HyperBeam"。
- 转到"standard section"子面板。
- 将"standard section library"设置为"HYPERBEAM"。
- 将"standard section type"设置为"solid circle"。
- 单击"create"按钮。超光束模块打开，在中心面板中显示一个实心圆形截面。左边的窗格（超光束视图）列出了模型中定义的截面，右边的窗格（结果窗口）显示了为显示的维度计算的各种光束属性的结果，如图 6-92 所示。

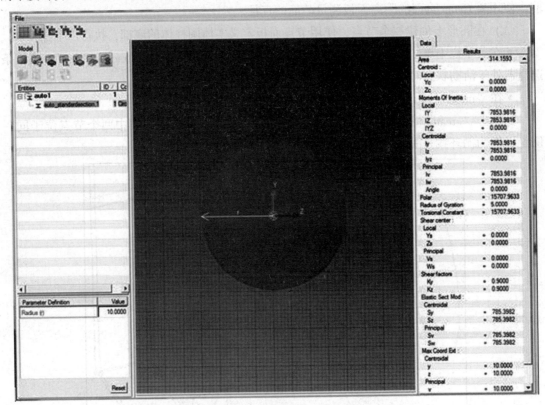

图 6-92　标准 HyperBeam 窗口

（4）修改横截面直径，并通过以下操作赋值：

- 在"Parameter Definition"下，单击"Radius（r）"旁边的"Value"字段。
- 在可编辑字段中输入 55，然后按 Enter 键，HyperMesh 更新结果窗口中横截面的直径和计算量。这些属性是根据输入的维度计算的。计算这些性质的公式可以在"HyperMesh User's Guide"→"Model Setup"→"Properties"→"HyperBeam"在线帮助中通过 Hyper-Beam 截面计算得到。

例如，HyperBeam 计算这个截面的面积、惯性矩和扭转常数。

注意：可以拖动表示横截面直径的图形手柄，直到直径变为所需的值为止。

（5）通过以下操作将"实圆"的名称分配给 HyperBeam view 中的这个横截面：

- 在"HyperBeam view"中，右键单击"auto1"文件夹下横截面的名称，并从上下文敏感菜单中选择"Rename"。

● 在可编辑字段中输入"Solid Circle",并按 Enter 键。

(6)要返回 HyperMesh,从菜单栏中单击"File"→"Exit"。

计算出来的信息将自动存储在波束组收集器中,该收集器的名称是为该节指定的。这个波束收集器稍后用于填充属性卡的字段。

注意:由于几何信息是可用的,这个横截面可以用实截面子面板定义为一个实截面。使用标准截面是因为它不需要选择,尽管它需要直径测量。

此时可以将超网格模型保存到工作目录中。

在这一步中,使用 HyperBeam 创建了标准截面的梁截面。当然,还了解了如何指定标准部分的维数,以及如何保存该部分以供后续使用。

步骤4:创建 shell 部分。

在这个步骤中,将使用"HyperBeam"面板的"shell section"子面板来为几何的梯形特征创建波束部分。

使用预定义组件"shell_section"中的行来定义该节。这些线位于梯形几何的中间平面。除了这些线之外,HyperBeam 还需要将特征的厚度作为输入来计算壳体截面属性。

可以使用各种面板(例如"Distance"面板)来查找这个特性的厚度。特征的厚度等于两个单位。

(1)使用 shell_section 组件中的行创建 shell 部分,方法如下:

● 在菜单栏中,单击"Properties"→"HyperBeam"。

● 选择"shell section"子面板。

● 将实体选择器设置为 lines。

● 单击"lines"→"by collector"。

● 选择收集器"shell_section"。

● 单击"select"按钮。

● 设置"cross section plane"为"fit to entities"。

● 将"section based node"设置为"plane base"。HyperMesh 激活"base node"选择器。

● 在图形区域中按住鼠标左键,将鼠标移动到其中一条中线上方,如图 6-93 所示。

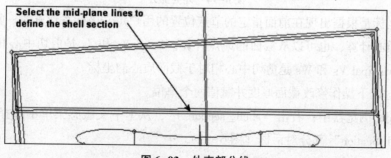

图6-93 外壳部分线

● 单击"base node",HyperMesh 激活"base"选择器。

- 在高亮显示的行上单击任意位置，以定义基本节点。
- 单击 "return" 按钮。
- 将 "part gen" 设置为 "auto"。
- 单击 "create" 按钮，HyperBeam 模块打开。

注意："cross section plane" 选项允许软件根据实体（线/元素）的选择来定义计算梁横截面属性的平面。用户控制平面也可以通过使用切换键改变横截面平面来定义。

在使用 "fit to entities" 选项时，如果希望获得除 "section base node" 以外的点的属性，可以为平面选择一个引用节点。这是使用 "section" 基本节点选项完成的。该节点定义了坐标系统的原点，作为计算各种梁截面特性时的参考。所有属性都是关于质心和选择的节点的，如图 6-94 所示。

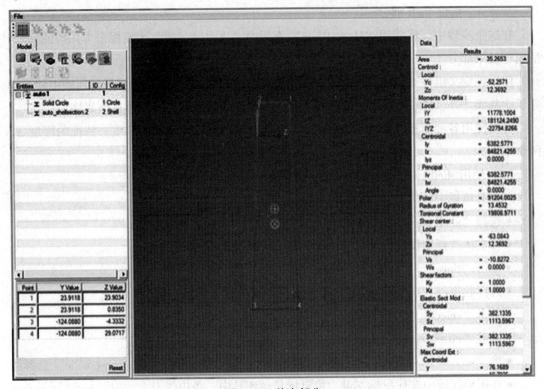

图 6-94　外壳部分

质心的坐标是根据出现在前面指定的节点位置的用户定义坐标系计算的。剪切中心的坐标既可以从质心计算，也可以从截面的原点计算。Local Ys 和 Zs 是剪切中心相对于截面原点的坐标，principal Vs 和 Ws 是剪切中心相对于截面质心的坐标。

（2）通过以下操作修改截面厚度并赋值两个单位。

- 在 Model 浏览器中；右击 "shell_ section. 1"，从上下文敏感菜单中选择 "Edit"，打开 "Edit Shell Section" 部分对话框（图 6-95）。

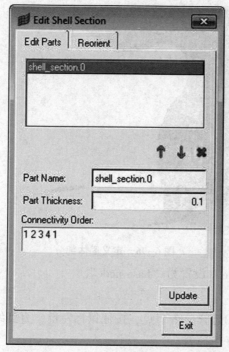

图 6-95 "Edit Shell Section" 对话框

● 在"Part Thickness"字段中输入 2。HyperMesh 更新"Results window"中计算的波束属性的值。

● 单击"Update"按钮。

● 单击"Exit"按钮关闭对话框。

（3）将该节重命名为"Trapezoidal Section"。

（4）要退出"HyperBeam"模块，则从菜单栏中单击"File"→"Exit"。

在这个步骤中，使用 HyperBeam 创建了一个表示 shell 截面的梁截面，并指定了 shell 截面的厚度。注意，shell 部分定义只有一个厚度，因为它被定义为一个整体。对于由多个部件组成的壳体部分，每个部件被分配一个独立的厚度。

可以将模型保存到工作目录中。

步骤 5：用表面创建一个实体部分。

在这个步骤中，使用"HyperBeam"面板的"solid section"子面板将几何图形的不规则 solid 特性建模为一个 solid section。

实体部分的输入可以是二维元素、曲面或形成封闭区域的一组线。使用"solid_section"收集器中的表面来定义 solid 部分。

（1）使用"solid_section"组件中的曲面创建一个实心部分，方法如下：

● 在"HyperBeam"面板中，转到"solid section"子面板。

● 设置实体选择器"use surfs"。

● 选择图 6-96 中突出显示的表面。

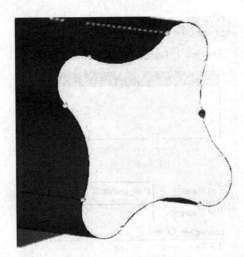

图 6-96　定义固体部分

● 将 "section base node" 设置为 "base node"。

● 单击 "base node"。

● 在曲面形成的区域内选择一个节点，按住鼠标左键，直到线条或曲面高亮显示，然后在高亮显示的实体上单击任意位置。

将 "analysis type" 设置为 "first order"。这个选项告诉 HyperBeam 使用一阶（线性）元素来计算选中部分的属性。

● 单击 "create" 按钮，超波束模块打开，用四边形单元网格选定的曲线包围区域（图 6-97），并使用这些单元计算属性。

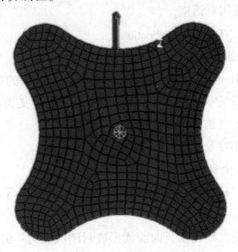

图 6-97　固体部分

（2）将 "Solid Section" 重命名并保存数据。

（3）退出超光束并保存数据。

步骤 6：将光束属性分配给属性收集器和光束元素。

在 HyperMesh 中，可以轻松地将在 HyperBeam 中计算并存储在波束收集器中的波束属性分配的解决方案分配给波束属性卡。要实现这一点，只需使用 "solver beam" 属性卡创建一个属性收集器，并将"beamsect"收集器分配给属性收集器。

在创建实际的 beam 元素时，只需将属性收集器分配给元素本身。

（1）用 PBEAM 卡片创建一个属性收集器，并通过以下方式将 Solid Circle 波束收集器分配给它。

- 要创建属性收集器，右键单击 Model 浏览器并从上下文敏感菜单中选择"Create"→"Property"。HyperMesh 在"Entity Editor"中显示属性。
- 命名属性"standard_section"，将"Card Image"设置为"PBEAM"，并指定"Material"为"steel"。
- 单击"beamsec"，从模型中定义的"beamsect collectors"列表中选择"Solid Circle"。

利用超波束计算的属性被自动分配到 PBEAM 卡上。参数值（A，I1a，I2a，I12a，J 等）是从选定部分的属性中提取出来的。

（2）在"Bars"面板中创建一个波束元素，其方向向量设置为全局"x-axis"，并使用"standard_section"属性。方法如下：

- 在菜单栏中单击"Mesh"→"Create"→"1D Elements"→"Bars"。
- 单击"property"并选择"standard_section"。
- 单击左下角的开关，选择"vectors"作为确定波束方向的选项。
- 将方向选择器设置为"x-axis"。
- 选中一个节点 node A。
- 在图形区域，按住鼠标左键，将光标放在贯穿圆柱体的线条顶部，直到突出显示。
- 松开鼠标左键，为 node A 和 node B 选择行尾两个节点，如图 6-98 所示。

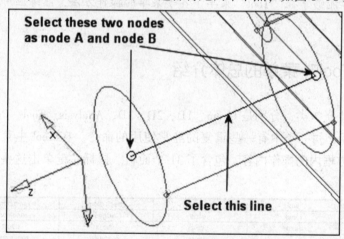

图 6-98　创建梁单元并将其放置到梁组件中

注意：在创建梁单元时，z 轴由节点 A 和节点 B 所选的两个节点来定义。横断面方向（x 轴或 y 轴）可以用分量、向量或方向节点来定义。由于这个实圆的性质，如何定义 x 轴或 y 轴并不重要。

对波束收集器所做的更改（例如，通过编辑横断面）也会自动应用于引用该波束收集器的任何属性收集器。

第 7 章

"Tool" 菜单功能

■■\ 本章内容 ----

　　本章主要介绍 "Tool" 主菜单内容的主要功能及使用方法，先介绍实体管理及定位这一大类，再介绍通过数据库对实体进行操作。

■■\ 学习目的 ----

　　通过本章学习能够掌握 "Tool" 菜单下各子菜单的操作方法，熟练应用这些基本操作。

7.1 　 "Tool" 菜单的总体介绍

　　主菜单页面共分 7 类，分别是 Geom、1D、2D、3D、Analysis、Tool、Post，如图 7-1 右方框中的内容所示，每一类中有一些重复的经常使用的命令。在 Tool 主菜单页面中，包含了图 7-1 中左侧方框内的操作内容，包含了 31 个面板。鼠标左键单击这些面板，可以进行相应的操作。

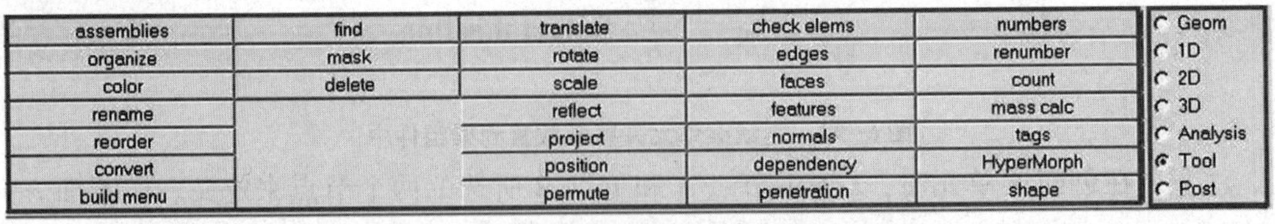

assemblies	find	translate	check elems	numbers	○ Geom
organize	mask	rotate	edges	renumber	○ 1D
color	delete	scale	faces	count	○ 2D
rename		reflect	features	mass calc	○ 3D
reorder		project	normals	tags	○ Analysis
convert		position	dependency	HyperMorph	◉ Tool
build menu		permute	penetration	shape	○ Post

图 7-1 　 "Tool" 主菜单包含的子菜单内容

　　 "Tool" 主菜单页面中各面板的功能见表 7-1。用户操作时，可根据需要进行相应的选择。

· 220 ·

表 7-1 "Tool" 主菜单页面下各面板功能介绍

选项	中文名称	功能介绍
assemblies	装配	创建组件集合
organize	管理	在组件之间移动或复制实体
color	颜色	修改集合器的颜色特性
rename	重新命名	改变集合器的名称
reorder	重新定义阶次	改变数据库中的已命名实体的阶次
convert	转换	在不同求解器之间转换数据
build menu	创建菜单	重新定义 HyperMesh 菜单系统的风格
find	寻找	在数据库中寻找实体（编号）
mask	隐藏	从显示的图形中隐藏实体
delete	删除	从数据库中删除数据
translate	移动	沿一个向量移动实体
rotate	旋转	关于一个向量旋转
scale	缩放	更改实体的尺寸
reflect	映射	关于一个平面映射
project	投影	投影实体到一个平面、向量或曲面上
position	定位	通过选择节点定位实体
permute	序列改变	转换实体的 x、y、z 轴数据
check elems	检查单元	检查单元质量，检查翘曲（wrap）、长宽比（aspect）、扭曲度（skew）、夹角（angles）、长度（length）、雅可比（jacobian）、连接关系（connectivity）和重复单元（duplicates）
edges	边	寻找自由边和边上的等效节点
count	统计	

7.2 实体管理及定位

7.2.1 装配实体

"assemblies" 面板用于创建和编辑，它的作用是创建一个集合，这个集合是前面 component 的集合，用于快速选择多个同一类的 component（使用者自己分类）。具体操作过程如下：

（1）在 "Tool" 页面中，单击 "assemblies" 面板按钮，进入 "assemblies" 面板。

（2）在 "assemblies" 面板中选择 "create" 子面板，显示如图 7-2 所示。

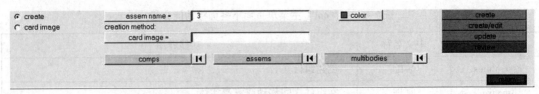

图 7-2　创建 component 集合功能子面板

（3）面板中"assem name"为装配集名称 3，用户可以自己命名。

（4）单击"comps"，弹出如图 7-3 所示对话框，在对话框中可选需装配在一起的 component，图中共有 5 个。选择"Component2"和"Component3"部件后，单击"select"按钮返回上一页。

图 7-3　"component"对话框

（5）在图 7-2 所示页面中，单击"create"按钮，完成创建装配集。其结果如图 7-4 线框内容所示。

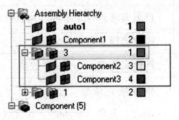

图 7-4　装配集

7.2.2　移动、复制实体

1. 移动实体

编辑模型时，通常需要移动实体，可以通过"Tool"页面中的"translate"面板来实现这个过程。操作过程如下：

（1）在"Tool"页面中，单击"translate"面板按钮，进入"translate"面板，如图 7-5 所示。

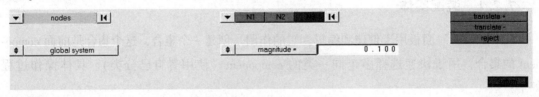

图 7-5　"translate"面板

（2）在"translate"面板中，单击 ▼，选择"solids"，其高亮显示，在绘图区可以选择需要移动的实体部件，接着选择需要移动的方向，一共有 5 种选择，如图 7-6 所示，即沿 x 轴、y 轴、z 轴、矢量和 3 个点确定的法向这 5 种。然后在 “magnitude” 中设置移动的距离大小，最后单击 “translate+” 或 “translate-” 按钮，即可按设置要求移动实体。

x-axis
y-axis
z-axis
vector
N1, N2, N3

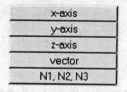

图 7-6　移动方向选择

2. 复制实体

编辑模型时，通常需要复制实体，可以通过 “Tool” 页面中的 “find” 面板来实现这个过程。

操作过程如下：

（1）在 “Tool” 页面中，左键单击 “find” 面板按钮，进入 “find” 面板，如图 7-7 所示。

find entities
find attached
between
solids
numbers
find
numbers off
save found
return

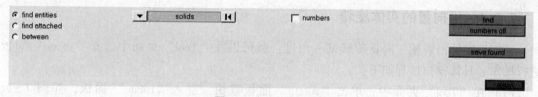

图 7-7　“find” 面板

（2）在 “find” 面板中，单击▼，选择 “solids”，其高亮显示，在绘图区可以选择需要复制的实体部件，鼠标右键单击高亮显示的 “solids”，弹出如图 7-8 所示选项板，在其中单击 “duplicate” 按钮，会弹出如图 7-9 所示选项，选择放在原始组件还是当前组件中，选完后状态栏提示已复制一个实体。

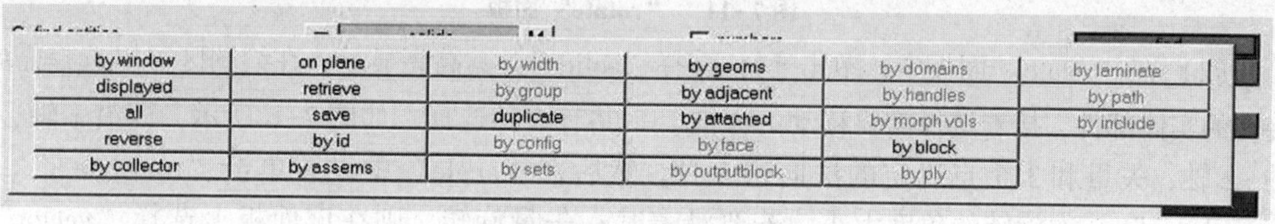

by window
displayed
all
reverse
by collector
on plane
retrieve
save
by id
by assems
by width
by group
duplicate
by config
by sets
by geoms
by adjacent
by attached
by face
by outputblock
by domains
by handles
by morph vols
by block
by ply
by laminate
by path
by include

图 7-8　实体选项

original comp
current comp
return

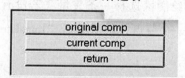

图 7-9　选择组件

最后单击 “find” 按钮，状态栏提示找到复制的实体。

7.2.3　沿向量的实体移动

要想把实体沿着某一向量移动，就可以在 “Tool” 页面中选择 “translate” 面板进行操作。具体操作过程如下：

（1）在"Tool"页面中，单击"translate"面板按钮，进入"translate"面板，如图7-10所示。

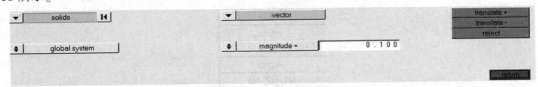

图7-10　"translate"面板

（2）在"translate"面板中，单击 ▼，选择"solids"，其高亮显示，在绘图区可以选择需要移动的实体部件，接着选择需要移动的方向，一共有5种选择，如图7-6所示，即沿 x 轴、y 轴、z 轴、矢量和3个点确定的法向这5种，然后在"magnitude"中设置移动的距离大小，若要沿着某一矢量移动，则在该面板上选择"vector"，单击后高亮显示，在绘图区选择一条矢量（若没有，则在1D页面中可建一条矢量），最后单击"translate+"或"translate-"按钮，就可以按设置要求移动实体了。

7.2.4　沿向量的实体旋转

要想把实体沿着某一向量旋转某一角度，就可以在"Tool"页面中选择"rotate"面板进行操作。具体操作过程如下：

（1）在"Tool"页面中，单击"rotate"面板按钮，进入"rotate"面板，如图7-11所示。

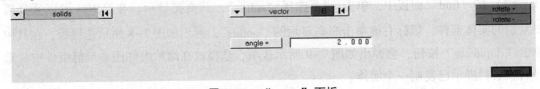

图7-11　"rotate"面板

（2）在"rotate"面板中，单击 ▼，选择"solids"，其高亮显示，在绘图区可以选择需要旋转的实体部件，接着选择需要移动的方向，一共有5种选择，如图7-6所示，即沿 x 轴、y 轴、z 轴、矢量和3个点确定的法向这5种。然后在"angle"中设置单击"translate+"或"translate-"一次旋转的角度大小，若要沿着某一矢量旋转，则在该面板上选择"vector"，单击"vector"后高亮显示，在绘图区选择一条矢量（若没有，则在1D页面中可建一条矢量），再单击 B，在绘图区选一个节点，最后单击"translate+"或"translate-"按钮，就可以按设置要求旋转实体了。

7.2.5　实体尺寸更改

若需要更改实体尺寸大小，则可以在"Tool"页面中选择"scale"面板进行操作。具体操作过程如下：

（1）在"Tool"页面中，单击"scale"面板按钮，进入"scale"面板，如图7-12所示。

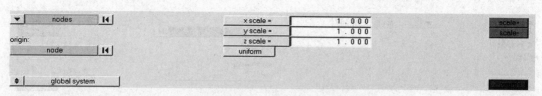

图 7-12 尺寸缩放功能界面

（2）在"scale"面板中，单击 ▼ ，选择"solids"，其高亮显示，在绘图区可以选择需要缩放的实体部件，接着选择缩放的比例因子，如图 7-13 所示，允许在 x、y 及 z 方向各自选择比例，也可以选择"uniform"进行统一比例缩放。

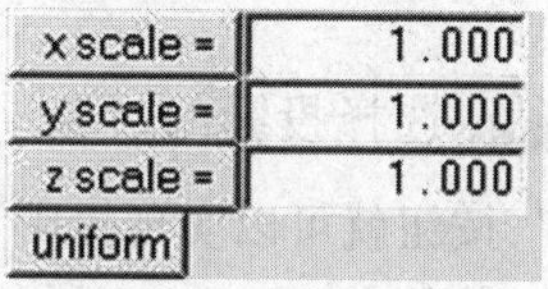

x scale =	1.000
y scale =	1.000
z scale =	1.000
uniform	

图 7-13 比例缩放因子

可以通过"node"操作选择一节点作为缩放基点。最后左键单击 ▨ 按钮，就可以按设置要求对实体进行比例缩放了。

7.2.6 实体映射

若需要对实体进行映射，则可以在"Tool"页面中选择"reflect"面板进行操作。具体操作过程如下：

（1）在"Tool"页面中，左键单击"reflect"面板按钮，进入"reflect"面板，如图 7-14 所示。

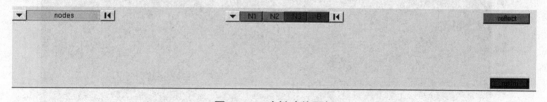

图 7-14 映射功能面板

（2）在"reflect"面板中，单击 ▼ ，选择"solids"，其高亮显示，在绘图区可以选择需要映射的实体部件，接着选择 N1、N2 和 N3 这 3 个节点，确定一个平面，而平面具有唯一的法向，也就是说，这 3 个点确定了一个方向，然后选择 B，可以确定一个基点，最后单击"reflect"按钮，就可以按沿着那 3 点确定的平面法向并关于基点对称的位置对实体进行映射。

7.2.7 实体投影

若需要对实体进行投影，则可以在"Tool"页面中选择"project"面板进行操作。在"Tool"页面中，单击"project"面板按钮，进入"project"面板，如图 7-15 所示。

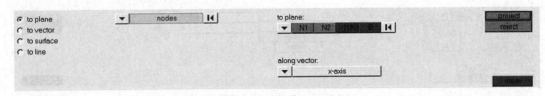

图 7-15　投影功能面板

该面板上有 4 个子面板，分别是投影到平面、投影到矢量、投影到曲面和投影到直线上，通过选择需要投影的对象。通过面板上的"nodes"，可以选择被投影的对象，

如节点、单元、线等。通过选择投影的对象。通过选择投影的方向，也有 5 个选项。鼠标单击"project"按钮就可以实现投影了。

下面说明将一个节点投影到指定线上的操作过程，其他三种类似，不再一一赘述。

（1）在"Tool"页面中，选择"project"面板；

（2）选择"to line"子面板；

（3）激活"nodes"选择器，选择绘图区的节点；

（4）单击"nodes"按钮，在弹出的选项中选择"duplicate"；

（5）激活"to line"下面的"line list"选择器，选择如图 7-16 所示的线；

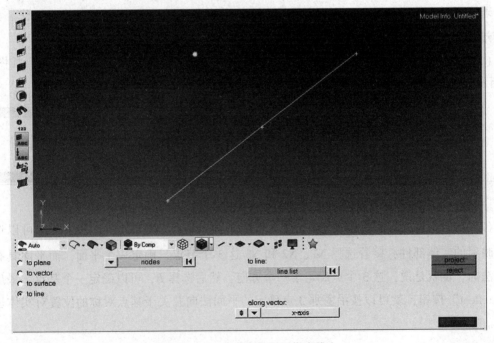

图 7-16　一个节点投影到指定线上

（6）将"along vector"设置为"x-axis"；

（7）单击"project"按钮，将节点投影到线上；

（8）单击"return"按钮，退出"project"面板。

7.2.8 隐藏实体

实体模型复杂时，可以把其中的某个部件隐藏起来，这样可以方便观察剩余实体部件。操作过程如下：

（1）在"Tool"页面中，单击"mask"面板按钮，进入"mask"面板，如图7-17所示。

图7-17 隐藏功能界面

（2）在"mask"子面板中，单击▼，选择"solids"，其高亮显示，在绘图区可以选择需要隐藏的实体部件，然后单击"mask"按钮，就可以将选中的部件隐藏。

（3）如果想要重新显示被隐藏的实体，则在该界面中单击"reverse"按钮，刚才隐藏的实体就会显现出来。

（4）操作时，如果需要把全部隐藏的实体显现出来，则单击"unmask all"按钮。

7.2.9 编号与重新编号

每个实体都有相应的编号，如果需要显示或隐藏编号，则可以在"Tool"页面中的"numbers"子面板进行操作。操作过程如下：

（1）在"Tool"页面中，左键单击"numbers"面板按钮，进入"numbers"面板，如图7-18所示。

图7-18 编号功能界面

（2）在"numbers"子面板中，单击▼，选择"solids"，其高亮显示，在绘图区可以选择需要显示编号的实体部件，勾选"display"复选框，然后单击"on"按钮，就可以将选中的部件编号显示出来。

（3）如果不想显示实体的编号，则在该界面中单击"off"按钮，刚才显示的编号就会在绘图区消失。

（4）操作时，如果需要把全部实体的编号隐藏起来，则单击"all off"按钮。

有时删掉以前画的网格后，再画时，编号就不连续了。为了使编号连续，可以使用"renumber"重新编号。如果需要对实体编号进行重新编号，则可以在"Tool"页面的"renumber"子面板中进行操作。操作过程如下：

（1）在"Tool"页面中，单击"renumber"面板按钮，进入"renumber"面板，如图7-19

所示。

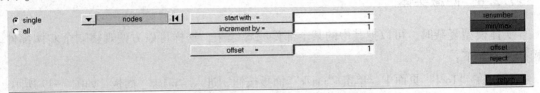

图 7-19　单个对象重新编号功能界面

（2）选择"single"子面板，单击 ▼，选择"solids"，其高亮显示，在绘图区可以选择需要重新编号的实体部件。在"start with"文本框中输入编号的起始数字，"increment by"文本框中输入增加的数字，"offset"文本框中输入弥补的数值。如果单击"offset"按钮，则编号增加刚才所输入弥补的数值。这三项系统默认值都是 1，可根据需要输入具体数值，然后单击"renumber"按钮，就可以将选中的部件编号重新按设置要求进行编号。

（3）选择"all"子面板，如图 7-20 所示，所有操作几乎与"single"子面板一样。不同之处是绘图区所有对象都会按照设置要求重新编号。

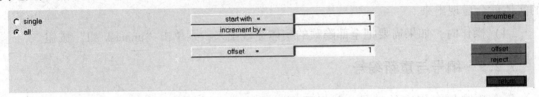

图 7-20　全部对象重新编号功能界面

7.2.10　节点定位

在"Tool"页面的"position"子面板中进行操作，可以把模型上指定的 3 个点与另外 3 个点进行匹配，实现模型方位的任意改变。而"rotate"则可以把模型整体绕坐标轴旋转。操作方法如下：

（1）在"Tool"页面中，单击"position"面板按钮，进入"position"面板，如图 7-21 所示。

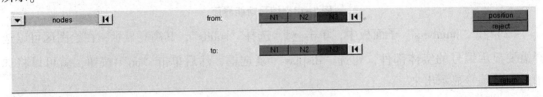

图 7-21　定位功能界面

（2） from: ▇▇▇ 中，NI、N2 和 N3 分别选模型上的三个节点；to: ▇▇▇ 中，NI、N2 和 N3 分别选目标位置上的三个节点，然后单击"position"按钮，完成模型方位的改变。

7.2.11　坐标轴转换定位

在此功能面板中，可以对节点、面、单元、实体等进行任意两个坐标轴的位置变换。比如节点坐标（2, 0），经 $X-Y$ 变换后，节点变为（0, 2）。功能面板如图 7-22 所示。

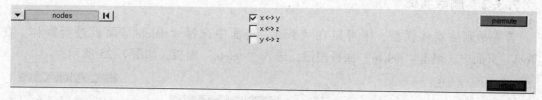

图 7-22 坐标轴转换功能面板

其转换过程如下：

（1）在"Tool"页面中，单击"permute"面板按钮，进入"permute"面板，如图 7-22 所示。

（2）如果对节点进行 X 轴和 Y 轴坐标互换，则在面板中选择"nodes"，然后勾选 $\boxed{\checkmark}\, x\leftrightarrow y$，单击"permute"按钮，完成节点 X 轴和 Y 轴坐标互换。

7.3 通过数据库对实体操作

7.3.1 寻找实体

若需要查找实体模型，则可以在"Tool"页面中，选择"fine"面板进行操作。在"Tool"页面中，单击"find"面板按钮，进入"fine"面板，如图 7-23 所示。

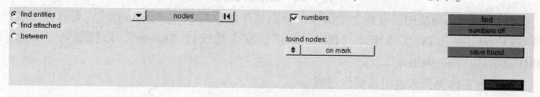

图 7-23 查找功能面板

在"fine"面板中，有 3 个子面板，分别是查找实体"find entities"、查找具有依附关系的实体"find attached"和查找两者共享因素"between"。以查找实体为例来说明其操作过程：

（1）在"Tool"页面中，单击"find"面板按钮，进入"fine"面板，如图 7-24 所示。

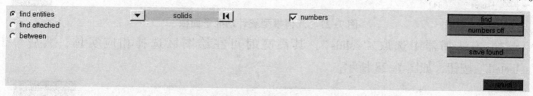

图 7-24 查找实体功能子面板

（2）在"fine"面板中选择"find entities"子面板，选择器中选取"solids"，其高亮时可在绘图区选择相应实体，然后单击"find"按钮，状态栏显示出查找到的实体数量。按"return"按钮返回。

7.3.2 删除实体

若需要删除实体模型，则可以在"Tool"页面中选择"delete"面板进行操作。在"Tool"页面中，单击"delete"面板按钮，进入"delete"面板，如图7-25所示。

图7-25 删除功能面板

在选择器中选择"solid"选项，其高亮时可在绘图区选择相应实体，然后单击"delete entity"按钮即可删除。"delete model"为删除模型按钮，删除完毕后按"return"按钮返回。

7.3.3 统计实体

若需要统计实体模型信息，则可以在"Tool"页面中选择"count"面板进行操作。在"Tool"页面中，单击"count"面板按钮，进入"delete"面板，如图7-26所示。

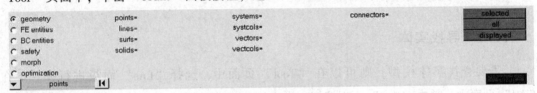

图7-26 统计功能面板

在"count"面板中，有6个子面板，分别是几何模型统计"geometry"、有限元实体统计"FE entities"、BC实体统计"BC entities"、安全性统计"safety"、形变统计"morph"和优化统计"optimization"。

以查找实体为例来说明其操作过程：

（1）在"Tool"页面中，单击"count"面板按钮，进入"count"面板。

（2）在"count"面板中选择"geometry"子面板，显示如图7-27所示。

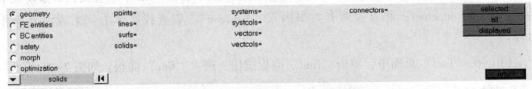

图7-27 几何模型统计功能子面板

（3）在选择器中选取"solids"，其高亮时可在绘图区选择相应实体，然后单击"selected"按钮，如图7-28所示。

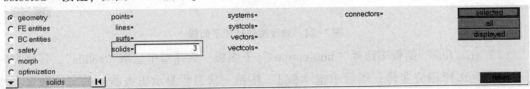

图7-28 统计实体数量

单击"all"按钮，如图 7-29 所示。

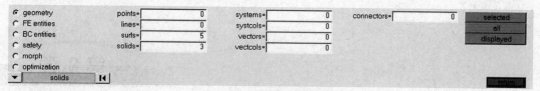

图 7-29　统计实体所有信息

单击"displayed"按钮，则显示统计信息，单击"return"按钮返回。

第 8 章

Post 界面功能

本章内容

HyperMesh 具有完备的后处理功能组件，能够轻松、准确地查看与表达仿真结果，本章主要介绍如何通过"Post"界面实现单元消隐，创建云图、标题、变形图、向量图，以及疲劳分析。

学习目的

熟练应用 HyperMesh 中的"Post"界面功能。

HyperMesh 不但提供了网格划分、建模、计算设置等前处理功能，还具有较强的后处理功能。通过"Post"界面可以实现单元消隐与图形着色，创建云图、向量图、*xy* 图、变形图、标题与总结，以及疲劳分析等。通过 HyperMesh 后处理器可以直接生成 JPG、BMP、EPS、TIFF 等格式的图形文件及通用的动画格式。

"Post"主界面如图 8-1 所示。

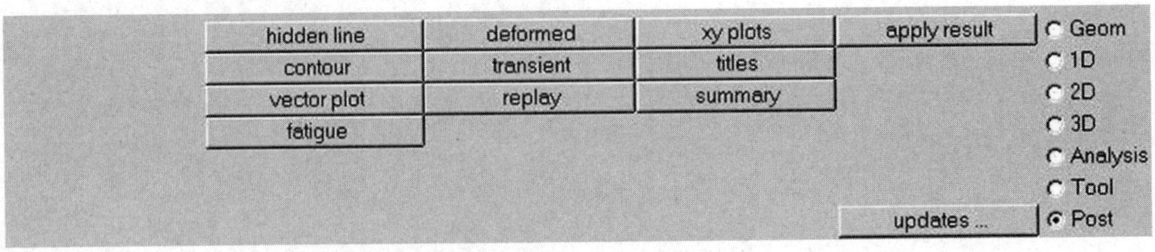

图 8-1 "Post"主界面

表 8-1 给出了"Post"主界面各选项的基本功能解释。

表 8-1 Post 主界面各选项功能解释

选项	功能解释
hidden line	创建单元消隐和着色显示图形
contour	创建结果的云图，查看模型分析结果的图像
vector plot	从向量结果中绘出向量图
fatigue	从应力、应变结果中建立疲劳分析
deformed	在位移结果基础上创建变形图，用变形动画的形式显示模型的分析结果
transient	查看瞬态结果，从瞬态分析结果中创建动画
replay	重新显示以前保存的动画序列
xy plots	创建新的单个或多个图，并允许选择曲线包含在图中，为模型中选定的节点创建二维位移-时间图
titles	创建和编辑屏幕标题
summary	创建单元、载荷和特性的总结，查看模型各部分的质量、体积等基本信息，该面板在没有载入结果文件时也可使用
apply result	施加结果分析数据到模型中的实体上
updates	更新

运用 HyperMesh 进行后处理前，首先需要在"file"面板中载入有限元模型文件和文件格式为 .res 的结果文件，并且被载入 HyperMesh 的模型和结果文件必须要有相同的节点和单元编号。单击"File"→"Load"→"Results"或直接单击工具栏中的 图标载入结果文件。

8.1 单元消隐

"Post"界面具有创建单元消隐和着色显示图形的功能。

本节以一轴为例介绍单元消隐与图形着色。

（1）导入模型和结果文件。

①在菜单栏中选择"File"→"Open"，打开"Open Model"对话框或直接单击工具栏中的 图标。

②浏览文件，选择"shaft. HM"。

③单击"打开"按钮，轴的有限元模型如图 8-2 所示。

④单击"File"→"Load"→"Results"或直接单击工具栏中的 图标。

⑤浏览文件，选择"shaft. res"。

⑥单击"打开"按钮。

图 8-2　轴有限元模型

（2）单元消隐与图形着色。

①在主菜单模式中选择"Post"→"hidden line"，打开消隐面板，如图 8-3 所示。

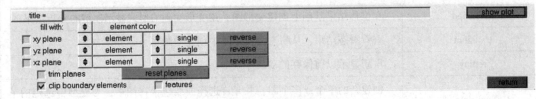

图 8-3　消隐面板

②单击选择"xy plane"和"trim planes"，使 xy 平面下一半的结构消隐，如图 8-4 所示。

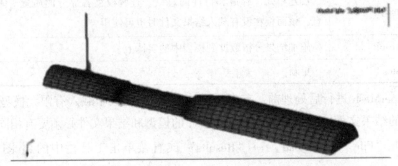

图 8-4　单元的消隐

③将鼠标指针移到 xy 平面上，按住鼠标左键并拖动鼠标可以将该平面在模型上平移。

④单击"element"前面的切换器，可以改变颜色。

8.2　云图

通过"contour""deformed""transient"这三个控制面板可以观察应力和位移。云图功能是把结果文件中的数值在模型上以颜色条的形式展现出来，通过计算模型上每个节点的数值产生颜色条，并插值到每个单元上。通过"contour"面板可以查看模型分析结果图像，通过"legend"子面板可以改变云图的颜色和图例中的最大值与最小值。

本节主要介绍云图的创建，图例、切平面的改变，以及等值曲线的查看。

（1）导入模型"shaft. HM"和结果文件 shaft. res。

（2）创建云图。

①在主菜单中单击"Post"→"contour"，打开云图创建面板，如图 8-5 所示。

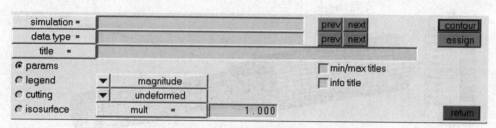

图 8-5　云图创建面板

②单击"simulation"，选择"subcase-1"。

③单击"data type"，选择"von Mises Stress at Z1"。

④选择"params"子面板。

⑤根据需求单击选中"min/max titles"。

⑥单击"contour"，生成的云图如图 8-6 所示。实体模型的颜色值取决于所选的数据类型，"contour"可以在节点的值之间进行平滑过渡。

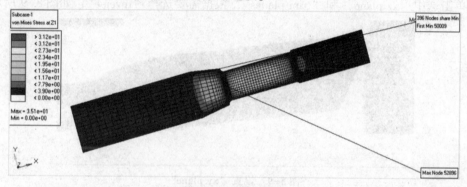

图 8-6　创建的云图

（3）改变图例。

①单击选中"legend"子面板，设置图例的范围。

②单击上面的切换器，选择"maximum"，并输入 30。

③单击"contour"，所有应力值大于或等于 30 的实体单元都显示为红色，如图 8-7 所示。

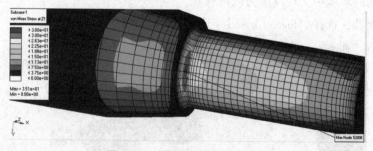

图 8-7　改变图例最大值的云图

④单击下面的切换器，选择"minimum"，并输入 5。

⑤单击"contour"，所有应力值小于或等于 5 的实体单元都显示为灰白色，如图 8-8 所示。

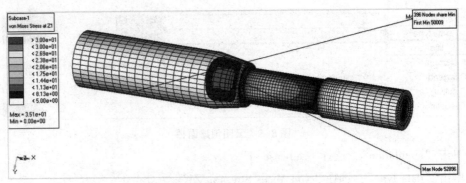

图 8-8　改变图例最小值的实体单元

（4）查看和改变切平面。

①单击选择"cutting"子面板，这个子面板最多可以控制 3 个切平面，包括"xy plane""yz plane""xz plane"，可以使用鼠标交互地平移这些平面。

②单击选中"xz plane"和"trim planes"，根据需要选择"reverse"，如图 8-9 所示。

图 8-9　设置"xy plane"

③将鼠标指针移到这个渲染平面上，按住鼠标左键并拖动鼠标可以将该平面在模型上平移。

④单击关闭"cutting"子面板中的所有选项。

（5）查看等值曲面。

①单击选择"isosurface"子面板，通过"isosurface"子面板可以查看等值曲面，可以在一个完全交互的环境中实现高应力区可视化。

②单击切换器，选择"legend based"选项。

③单击激活"show"，创建单独的等值曲面，如图 8-10 所示。

图 8-10　设置"isosurface"

④单击切换器，选择"value based"选项，可以创建一个基于给定数值的等值曲线。

⑤单击关闭"isosurface"子面板中的所有选项。

8.3　标题

通过 titles 面板可以标记图像。用户通过在 title＝框中输入标题，可以为每个类型图增加一个临时标题。当输入标题和创建图形后，临时标题在图形屏幕的左上角上显示出来。

（1）创建云图。

①导入模型"shaft. HM"和结果文件"shaft. res"。

②在主菜单中单击"post"→"contour"，打开云图创建面板。

③单击"simulation"，选择"subcase-1"。

④单击"data type"，选择"von Mises Stress at Z1"。

⑤单击选择"params"子面板。

⑥在"title"框中输入标题"shaft von Mises"。

⑦单击"contour"，如图 8-11 所示，标题显示在云图的左上角。

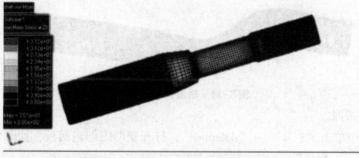

图 8-11　创建标题的云图

（2）改变标题的颜色、字体大小或位置。

①单击图 8-11 中的图形标题框，显示出"edit"对话框，如图 8-12 所示。

图 8-12　"edit"对话框

②单击"color"，选择标题颜色。

③单击向下箭头选择字体大小。

④单击"move"，使用鼠标光标拖动标题到用户需要的位置。图 8-13 中标题颜色更改为红色，并增大字体，移动到云图的右下角。

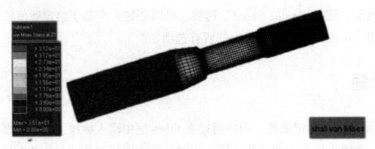

图 8-13　创建标题的云图

8.4　变形图

运用"deformed"面板可以用变形动画的形式来显示模型的分析结果。通过这个面板可以在未变形视图的基础上查看变形后的模型，使用"scale factor"选项可以放大变形量，同时还能显示结果的线性和模态动画，并在动画播放过程中使用切平面和等值曲面。

本节以一轨道为例来介绍变形图的创建、放大量的改变及动画的显示等。

（1）导入模型"rail. HM"和结果文件"rail. res"。模型如图 8-14 所示。

图 8-14　轨道有限元模型

（2）创建变形图。

①在主菜单中单击"Post"→"deformed"，打开变形图创建面板，如图 8-15 所示。

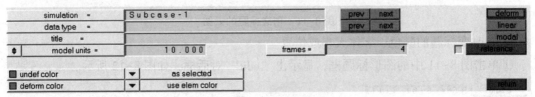

图 8-15　变形图创建面板

②单击"simulation"，选择"subcase-1"。

③单击"data type"，选择"displacements"。

④单击"deform"，生成的云图如图 8-16 所示。

图 8-16　创建的变形图

⑤切换"model units"前面的上下键，选择"scale factor"，可以放大变形量。"scale

factor" 为 3 时的变形图如图 8-17 所示。

图 8-17 "scale factor" 为 3 时的变形图

⑥单击 "frames"，输入 20。

⑦单击 "linear"，用线性模式显示位移，并使用动画控制创建一个 avi 文件。

⑧单击 "return" 按钮，退出 "deformed" 面板。

8.5 向量图

向量图通过使用向量显示模型，模型的每个节点有基于方向和大小的结果。向量图通常用来确定移动方向和让用户验证模型转动中心的位置。在主菜单中单击 "Post" → "vector plot"，打开向量图创建面板，如图 8-18 所示，可以通过切换器选择输入显示的大小。

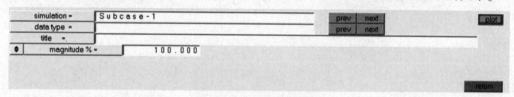

图 8-18 向量图创建面板

8.6 疲劳分析

允许用户从有限元分析中写应力、应变结果到一个外部文件中，此文件可以用来在一个支持的疲劳分析求解器中建立疲劳分析。

（1）导入模型和结果文件。

（2）为疲劳分析导出数据模型。

①在主菜单中单击 "Post" → "fatigue"，打开疲劳分析创建面板，如图 8-19 所示。

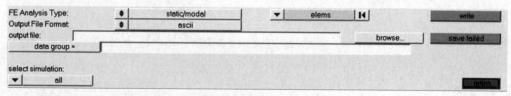

图 8-19 疲劳分析创建面板

②单击 "FE Analysis Type"，选择 "static/modal"。

③单击 "Output File Format"，选择 "ascii"。

④单击"elems"，选择相应单元。

⑤单击"output file"，选择文件保存路径，输入文件名称。由于输出文件格式选择"ascii"，所以输出文件格式为 . dat。

⑥单击选择"data group"。

⑦单击"write"按钮，保存输出的文件。

第 9 章

与 ANSYS 软件对接

■■／\ **本章内容**

HyperMesh 可以定义 ANSYS 单元、载荷和边界条件，然后输出为 .CDB 模型文件，以供 ANSYS 求解，本章主要介绍了 HyperMesh 与 ANSYS 有限元分析软件的数据接口技术，着重 讲述了利用 HyperMesh 为 ANSYS 建立分析模型的步骤，并以实例介绍了如何应用 HyperMesh 完成 ANSYS 有限元模型的材料属性、单元类型、边界条件、接触、求解及分析控制等。

■■／\ **学习目的**

熟练应用 HyperMesh 为 ANSYS 创建分析模型。

ANSYS 是世界上著名的大型通用有限元计算软件，具有强大的求解器和前、后处理功 能，为解决复杂、庞大的工程项目和致力于高水平的科研攻关提供了优良的工作环境。该软 件广泛应用于工业领域，如航空航天、汽车工业、生物医学、桥梁、建筑、电子产品、重型 机械、微机电系统、运动器械等，并提供了不断改进的功能清单，包括机构高度非线性、电 磁分析、计算流体力学分析、设计优化、接触分析、自适应网格划分及利用 ANSYS 参数设 计扩展宏命令功能。此外，ANSYS 还提供较为灵活的图形接口及数据接口，利用这些功能， 可以实现不同分析软件之间的模型转换。

在 HyperMesh 中建立好有限元模型后，需要调用 CAE 软件进行求解和分析，当选用 ANSYS 求解器进行静力分析、模态分析、接触非线性分析时，需要在 HyperMesh 中定义 AN-SYS 单元类型、单元属性、材料属性、接触参数、载荷及边界条件、求解控制等。

9.1 HyperMesh 与 ANSYS 的接口

HyperMesh 可以定义 ANSYS 单元、载荷和边界条件，然后输出为 .CDB 模型文件，以供 ANSYS 求解。图 9-1 和图 9-2 分别为 HyperMesh 的输入、输出接口。

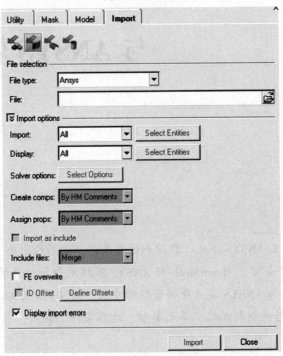

图 9-1 HyperMesh 模型的输入接口界面

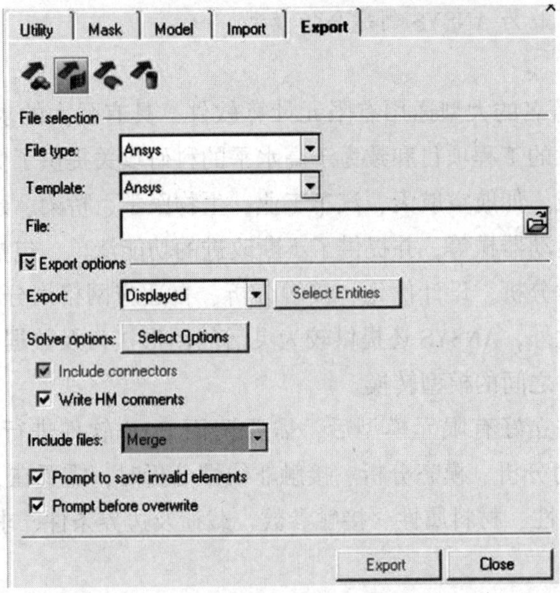

图 9-2 HyperMesh 模型的输出接口界面

9.2　利用 HyperMesh 为 ANSYS 建立分析模型

9.2.1　有限元模型的组成

（1）网格。

①节点 Node：提供"网格"的几何信息；

②材料 Material：提供"网格"的材料特性参数；

③属性 Property：提供"网格"的几何补充信息，例如将薄板简化为二维网格（shell 单元）时，需要对二维网格补充薄板的"厚度信息"；

④单元类型 ET Types。

以上信息创建了"有限元网格模型"。

（2）当有限元模型带有边界条件时，还包括：

①载荷 Load；

②边界条件 Boundary conditions，包括约束等。

（3）做优化时，还包括：

①设计变量 Design Variable；

②响应 Response。

9.2.2　分析模型创建步骤

（1）网格划分，完成"节点"的创建；

（2）创建和编辑 ANSYS 材料属性；

（3）配置 ANSYS 单元类型；

（4）设置边界条件；

（5）创建 ANSYS 载荷步和结果输出要求；

（6）以 ANSYS 输入文件格式输出模型。

9.3　利用 HyperMesh 为 ANSYS 创建模态分析模型

运用 HyperMesh 和 ANSYS 可以进行模态分析模型的创建。本节将以一个直管为例，介绍在 HyperMesh 中创建 ANSYS 模态分析的输入文件及通过 HyperMesh 控制 ANSYS 模态分析计算的方法。

本节模型将分析直管一端完全约束后的模态频率和振型。基本分析过程包括：

（1）创建和编辑 ANSYS 材料属性；

（2）配置 ANSYS 单元类型；

（3）定义约束；

（4）创建 ANSYS 载荷步和结果输出要求；

（5）以 ANSYS 输入文件格式输出模型。

本节直管网格模型如图 9-3 所示，采用的单位为 mm、N、MPa。

图 9-3　直管网格模型

9.3.1　输入模型数据文件

（1）在菜单栏中选择"Preferences"→"User Profiles"或者直接单击 中的图标 。

（2）选择配置文件名为 Ansys，如图 9-4 所示，单击"OK"按钮。

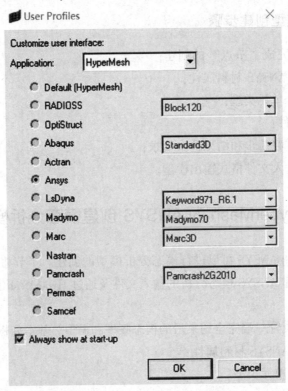

图 9-4　"User Profiles"对话框

（3）在菜单栏中选择"File"→"Open"，打开"Open Model"对话框。

（4）浏览文件，选择"tube. HM"。

（5）单击"打开"按钮。

9.3.2　定义材料属性

HyperMesh能够通过Material宏创建和定义材料属性卡片。材料属性宏可以以列表的形式展示模型中的材料属性并显示材料编号、类型和每种材料的名称。应用材料属性宏对话框，应用者可以创建新的材料、编辑已有的材料或删除材料。

本节将定义模型材料参数并与壳单元组件关联，直管材料为紫铜，密度为 $8.9×10^{-9}$ kg/mm^3，弹性模量为 $1.08×10^5$ MPa，泊松比为 0.32。

（1）在工具条 中单击图标 ，打开"Material Collector"材料定义对话框，如图9-5所示。

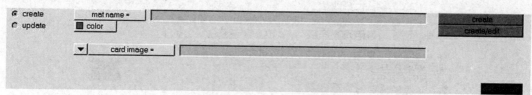

图9-5　材料定义对话框

（2）在对话框中自由指定材料名称，单击"card image"后面的输入框，如图9-6所示，单击选择"MATERIAL"。

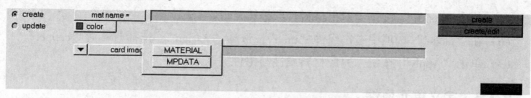

图9-6　"card image"对话框

（3）在"mat name"后面文本框中输入"copper"，如图9-7所示。

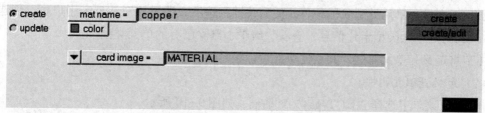

图9-7　"mat name"对话框

（4）单击"create/edit"按钮，弹出"Meterial"对话框，如图9-8所示。

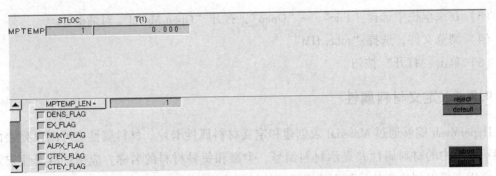

图 9-8　"Meterial" 属性编辑对话框

对话框中, DENS_FLAG 代表密度; EX_FLAG 代表弹性模量; NUXY_FLAG 代表泊松比。分别单击 DENS_FLAG、EX_FLAG、NUXY_FLAG 前边的空格, 输入数值, 如图 9-9 所示。注意"DENS_FLAG"等后面的数值"1"为 ID 号, 默认即可。

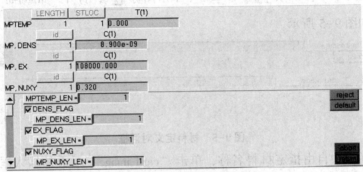

图 9-9　材料属性参数设置

(5) 单击"return"按钮, 退出材料参数编辑窗口。

(6) 在"model"选项中右击组件"tube", 选择"Assign", 选择材料为"copper"。

(7) 单击"Apply"按钮, 完成材料属性与组件关联。

9.3.3　定义单元属性

HyperMesh 能够通过 ET Type 宏创建 ANSYS 单元类型卡片信息。单元类型宏对话框显示单元类型识别号、单元类型名称和单元类型关键字选项。通过该对话框, 用户可以创建 HyperMesh 支持的单元类型卡片信息, 查看、编辑、删除已有的单元类型。

本节将定义壳单元属性, 并创建单元特征集合器。

(1) 定义壳单元属性。

①在 3D 菜单中选择"ET Types"对话框, 如图 9-10 所示。

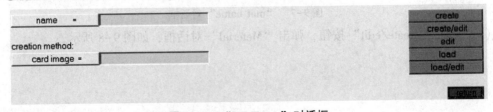

图 9-10　"ET Types" 对话框

②在"name"后面的文本框中输入"shell"。

③单击"card image"文本框,显示界面如图 9-11 所示。单击 **>**,翻页找到并单击选择"SHELL63",单击"create"按钮创建壳单元属性。

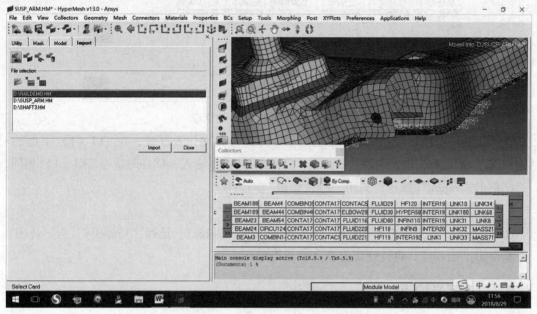

图 9-11 "Card image"对话框

④单击"return"按钮,退出单元属性创建窗口。

⑤在"model"选项中右击组件"tube",选择"card edit",单击两次"type",选择"shell"属性,设置组件单元类型为 shell63。

⑥单击"return"按钮,关闭卡片信息。

(2)为壳单元创建特性集合器。

①在工具条 中单击图标 ,打开"Property Collector"对话框,如图 9-12 所示。

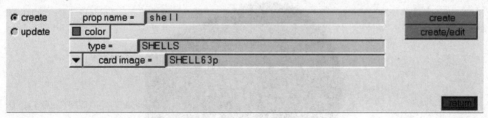

图 9-12 "Property Collector"对话框

②在"prop name"后面的文本框中输入"shell"。

③单击"type",选择 SHELLS。

④在"card image"文本框中单击选择"SHELL63p",如图 9-12 所示。

⑤单击"create/edit",弹出"特性编辑"对话框,如图 9-13 所示。

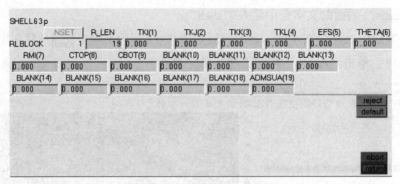

图 9-13　"特性编辑"对话框

⑥图 9-13 中 TKI（1）、TKJ（2）、TKK（3）等分别代表厚度，在 TKI（1）下面的对话框中输入 SHELL63 单元的厚为 2 mm，其余的 TK 可不输入，软件默认与 TKI（1）相同。

⑦单击"return"按钮，关闭"特性编辑"对话框。

（3）更新壳单元特性。

①在"model"选项中右击组件"tube"，选择"Assign"，选择"Property"为"shell"。

②单击"Apply"，将特性集合器属性与壳单元关联。

9.3.4　定义约束

在 HyperMesh 中可以定义约束并输出到 ANSYS 求解器中进行计算。本节将在直管一端施加约束。

（1）在"model"选项中右击空白处，选择"create"→"Load Collector"，或者在工具条 中单击图标，打开"Load Collector"对话框。

（2）命名为"boundary conditions"，单击"create"。

（3）在主菜单中选择"Analysis"→"constrains"，单击"nodes"，选择模型顶端所有节点，如图 9-14 所示。

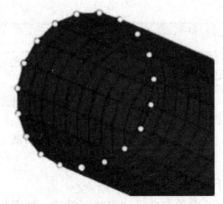

图 9-14　选中直管顶部所有节点

dof 代表自由度，dof1、dof2、dof3 分别代表节点沿 X、Y、Z 轴方向平移的自由度，dof4、dof5、dof6 分别代表节点绕 X、Y、Z 轴的旋转自由度。dof1～dof6 后面输入框中的数值是自由度的大小，对于固定约束，其值均为 0。勾选 dof1、dof2、dof3、dof4、dof5、dof6，如图 9-15 所示。

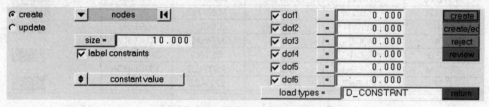

图 9-15 "constrains" 对话框

（4）单击 "create" 按钮，生成约束，如图 9-16 所示。

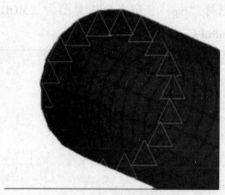

图 9-16 对直管顶部施加约束

9.3.5　创建载荷步

创建载荷和约束的载荷步。

（1）在主菜单中选择 "Analysis" → "load steps"，如图 9-17 所示。

图 9-17 "load steps" 对话框

（2）在 "name" 后面文本框中输入 "modal"。

（3）单击 "loadcols" 选项，勾选 "boundary conditions"，单击 "select"，选择约束集合器。

（4）单击 "create" 按钮，创建载荷步。

9.3.6　创建控制卡片

通过 HyperMesh 创建求解控制卡片，并输出到 ANSYS 求解器中，直接对求解过程进行控制。

（1）在菜单栏中选择 "Setup" → "Create" → "Control Cards"，或在主菜单中选择

"Analysis" → "Control Cards"，打开 "Control Cards" 对话框，如图 9-18 所示。

AUTOTS	ETABLE	OUTRES	MODOPT	LUMPM	delete
/BATCH	KBC	/POST1	MXPAND	ACEL	disable
BFUNIF	LNSRCH	PRESOL	EQSLV	CGLOC	enable
/COM	MODE	RSYS	ALPHAD	CGOMGA	
CNVTOL	NEQIT	/SOLU	BETAD	CMDOMEGA	next
DELTIM	NLGEOM	SOLU	PSTRES	CMOMEGA	
DOF	NSUBST	ANTYPE	EXPASS	DCGOMG	return

图 9-18　"Control Cards" 对话框

（2）通过单击每个独立的控制卡片并键入相应值来设置控制卡片。

①单击 "ANTYPE"，选择 "type"，定义分析类型为 "MODAL"，如图 9-19 所示，单击 "return" 按钮返回 "Control Cards" 对话框。

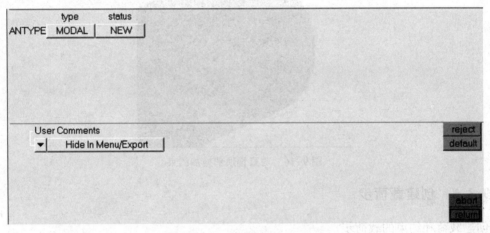

图 9-19　"ANTYPE" 对话框

②单击 "MODOPT"，定义模态提取方法为 LANB，提取模态阶数为 8 阶，如图 9-20 所示，单击 "return" 按钮。

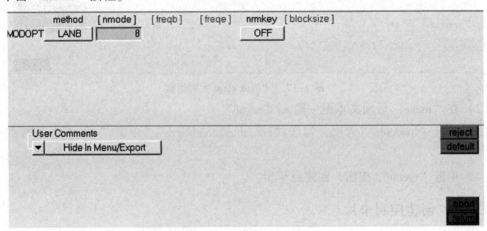

图 9-20　"MODOPT" 对话框

③单击 "EXPASS"，选择扩展分析选项为 "ON"，如图 9-21 所示，单击 "return" 按钮。

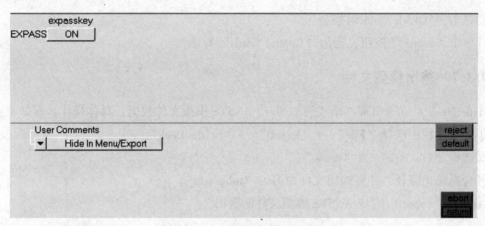

图 9-21　"EXPASS" 对话框

④翻页找到 "LSSOLVE" 并单击选择，进行载荷步求解设置，如图 9-22 所示，单击 "return" 按钮。

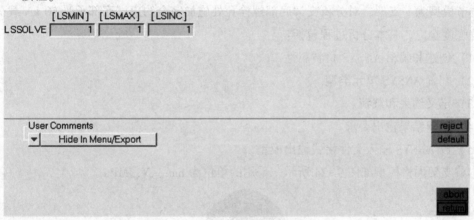

图 9-22　"LSSOLVE" 对话框

⑤翻页找到 "MXPAND" 并单击选择，进行模态扩展阶数定义，如图 9-23 所示，单击 "return" 按钮。

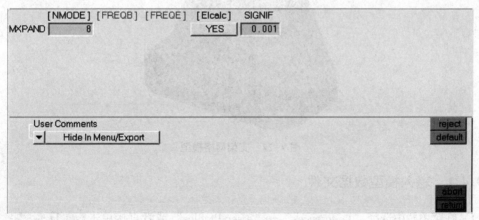

图 9-23　"MXPAND" 对话框

⑥单击 "/SOLU"，进入求解。

⑦单击"SOLVE"，求解模型。

⑧单击"return"按钮，退出"Control Cards"对话框。

9.3.7 输出模型文件

HyperMesh 可以输出脚本格式为 .cdb 的 ANSYS 模型文件数据，具体操作步骤如下：

①在菜单栏中选择"File"→"Export"→"Solver Deck"。

②选择"File type"为"Ansys"。

③选择输出路径，并将输出文件命名为"tube.cdb"。

④单击"Export"完成 ANSYS 模型文件的输出。

9.4 利用 HyperMesh 为 ANSYS 创建静力分析模型

本节模型为一支架，对分析支架底部螺栓孔处施加完全约束，底部承受 50 kN 载荷下的线性静强度响应。基本分析过程包括：

（1）创建和编辑 ANSYS 材料属性。

（2）配置 ANSYS 单元类型。

（3）定义约束和载荷。

（4）创建结果输出要求。

（5）以 ANSYS 输入文件格式输出模型。

本节支架网格模型如图 9-24 所示，采用的单位为 mm、N、MPa。

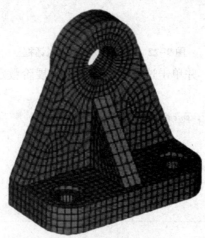

图 9-24 支架网格模型

9.4.1 输入模型数据文件

（1）在菜单栏中选择"Preferences"→"User Profiles"或者直接单击 中的图标 。

（2）选择配置文件名为 ANSYS，单击"OK"按钮。

（3）在菜单栏中选择"File"→"Open"，打开"Open Model"对话框。

（4）浏览文件，选择"bracket. HM"。

（5）单击"打开"按钮。

9.4.2　定义材料属性

本节将定义模型材料参数并与实体单元组件关联，底座材料为钢，密度为 7.8×10^{-9} kg/mm^3，弹性模量为 2.08×10^5 MPa，泊松比为 0.3。

（1）在工具条 中单击图标，打开"Material Collector"材料定义对话框。

（2）在对话框中自由指定材料名称，单击"card image"后面的输入框，单击选择"Material"。

（3）在"mat name"后面文本框中输入"steel"。

（4）单击"create/edit"，弹出"Meterial"对话框，分别单击 DENS_FLAG、EX_FLAG、NUXY_FLAG 前边的空格，输入数值，如图 9-25 所示。

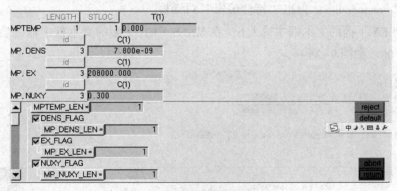

图 9-25　材料属性参数设置

（5）单击"return"按钮，退出材料参数编辑窗口。

（6）在"model"选项中右击组件"bracket"，选择"Assign"，选择材料为"steel"。

（7）单击"Apply"，完成材料属性与组件关联。

9.4.3　定义单元属性

本节将定义实体单元属性，并创建单元特征集合器。

（1）定义实体单元属性。

①在 3D 菜单中选择"ET Types"，弹出"ET Types"对话框。

②在"name"后面文本框中输入"solid"。

③单击"Card image"文本框，单击，翻页找到 SOLID186 并单击选择，单击"create"按钮创建实体单元属性。

④在"name"后面的文本框中输入"mass"。

⑤单击"Card image"文本框，选择 MASS21，单击"create"按钮创建质量单元属性。

⑥单击"return"按钮，退出单元属性创建窗口。

⑦在"model"选项中右击组件"bracket"，选择"Card edit"，双击"type"，选择"solid"属性，设置组件单元类型为"SOLID186"。

⑧单击"return"按钮，关闭卡片信息。

⑨在"model"选项中右击组件"bracket"，选择"Card edit"，双击"type"，选择"mass"属性，设置组件单元类型为 MASS21。

⑩单击"return"按钮，关闭卡片信息。

（2）为质量单元创建特性集合器。

①在工具条 中单击图标 ，打开"Property Collector"对话框。

②在"Prop name"后面的文本框中输入"mass"。

③单击"Type"，选择"MASS"。

④在"Card image"文本框中单击选择"MASS21p"。

⑤单击"create/edit"，弹出"特性编辑"对话框。

⑥在 R_LEN 下面的文本框中输入 6，在 MASS（1）下面的文本框中输入质量单元的质量为 1.000e-08，如图 9-26 所示。

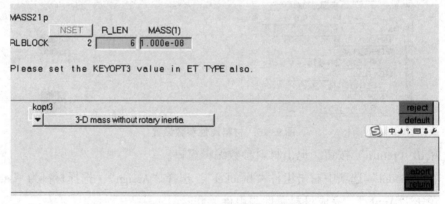

图 9-26 "特性编辑"对话框

⑦单击"return"按钮，关闭"特性编辑"对话框。

（3）更新质量单元特性。

①在"model"选项中右击组件"bracket"，选择"Assign"，选择"Property"为"mass"。

②单击"Apply"按钮，将特性集合器属性与质量单元关联。

9.4.4 定义约束

在 HyperMesh 中可以定义约束和载荷并输出到 ANSYS 求解器中，直接进行计算。HyperMesh 中的约束和载荷都需要存放在载荷集合器中。

本节将在支架底座螺栓孔处创建刚性单元用于施加模型约束，并在底座底部施加 50 kN 载荷。

创建刚性单元和质量单元并施加约束。

（1）在"model"选项中右击"create"→"component"，或者在工具条 中单击图标 ，打开"component"对话框，命名为"rigid"。

（2）在主菜单中选择"Geom"→"distance"，进入"three nodes"子面板，沿支架底座螺栓孔上表面边缘任意选择三个点，单击"circle center"，找到上表面小孔圆心，如图 9-27 所示。

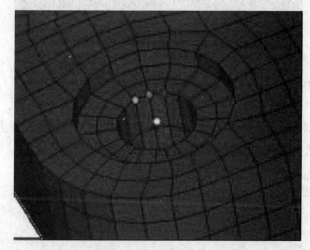

图 9-27　确定支架底座一个螺栓孔上表面圆心位置

（3）重复步骤（2）中的操作，找到下表面圆心，如图 9-28 所示。

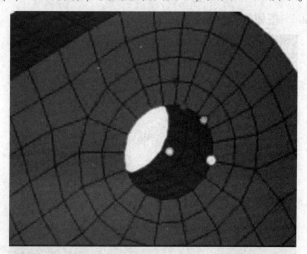

图 9-28　确定支架底座一个螺栓孔下表面圆心位置

（4）选择"distance"→"two nodes"，选择上下表面两圆心，单击"nodes between"，生成两圆心中心点，如图 9-29 所示。

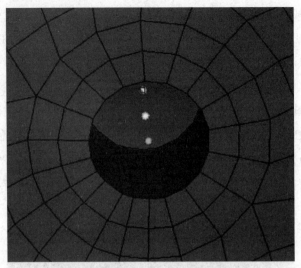

图 9-29　确定上下表面两圆心中心点

（5）单击"return"按钮，关闭"distance"面板。

（6）在主菜单中选择"1D"→"rigids"，激活"nodes"选择器，在下拉菜单中选择"multiple nodes"。选择圆心处的中间节点为"independent"节点，选择上下孔边缘所有节点为"dependent"节点。勾选 dof1、dof2、dof3，如图 9-30 所示。

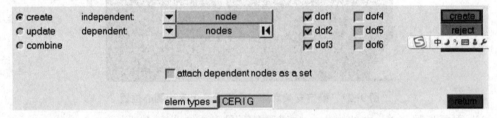

图 9-30　属性设置

（7）单击"create"按钮生成 rigid 单元，如图 9-31 所示。

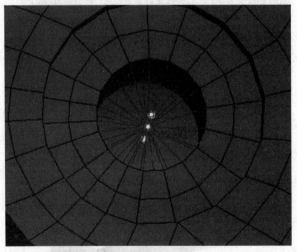

图 9-31　螺栓孔处生成 rigid 单元

（8）单击"return"按钮，返回主菜单。

（9）重复上述操作，在另外的螺栓孔圆心处生成 rigid。

（10）在"model"选项中右击"create"→"component"，或者在工具条 中单击图标，命名为"mass"。

（11）在主菜单中选择"1D"→"masses"，单击"nodes"，选择两个螺栓孔中心的节点，如图 9-32 所示。

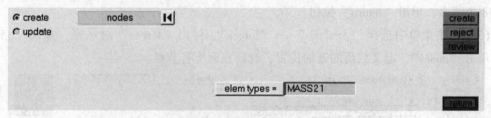

图 9-32　masses 设置对话框

（14）单击"create"按钮，在螺栓孔处生成质量单元。

（15）在"model"选项中右击空白处，选择"create"→"Load Collector"，或者在工具条 中单击图标，打开"Load Collector"对话框，命名为"constrain"。

（16）在主菜单中选择"Analysis"→"constrains"，单击"nodes"，选择螺栓孔中心所有节点，勾选 dof1、dof2、dof3，如图 9-33 所示。

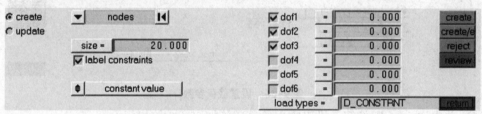

图 9-33　"constrains"对话框

（17）单击"create"按钮生成约束，如图 9-34 所示。

图 9-34　对螺栓孔施加约束

9.4.5 定义载荷

创建载荷集合器并施加载荷。

（1）在"model"选项中右击"create"→"Load Collector"，命名为 force。

（2）在主菜单中选择"Tool"→"count"，单击"nodes"，定义载荷的施加位置，选择底面任意一个节点，再在扩展选择器中选择"by face"，选中底面上的所有节点，提示底面有 438 个节点，单击"return"按钮。

（3）在主菜单中选择"Analysis"→"forces"，弹出"forces"对话框，如图 9-35 所示。单击"nodes"，定义载荷的施加位置，选择底面所有节点。

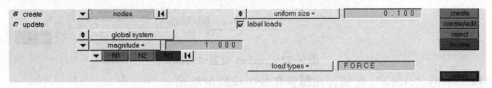

图 9-35 "forces"对话框

（4）在"magnitude"文本框中设置力的大小，输入-114.155（500 000/438＝114.155（N））。

（5）在  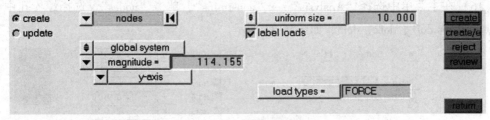 中设置载荷的方向。单击方向转换开关，选择"y-axis"，如图 9-36 所示，其中用"uniform size＝10"来设置载荷的标记符号在图形区域的显示大小。

图 9-36 设置载荷参数

（6）单击"create"按钮，沿 Y 方向给底座施加 50 kN 的载荷。

（7）单击"return"按钮，返回主菜单，添加约束和载荷的有限元模型如图 9-37 所示。

图 9-37 添加约束和载荷的有限元模型

9.4.6　创建控制卡片

通过 HyperMesh 激活控制卡片进行静力分析求解控制。

（1）在菜单栏中选择"Setup"→"Create"→"Control Cards"，或在主菜单中选择"Analysis"→"control cards"，打开控制卡片对话框。

（2）通过单击每个独立的控制卡片并键入相应值来设置控制卡片。

①单击"ANTYPE"，选择"type"，定义分析类型为"STATIC"，单击"return"按钮返回控制卡片对话框。

②单击"/SOLU"，进入求解。

③单击"SOLVE"，求解模型。

④单击"return"按钮，退出控制卡片对话框。

9.4.7　输出模型文件

HyperMesh 可以输出脚本格式为 .cdb 的 ANSYS 模型文件数据，具体操作步骤如下：

（1）在菜单栏中选择"File"→"Export"→"Solver Deck"。

（2）选择"File type"为"Ansys"。

（3）选择输出路径，并将输出文件命名为"bracket.cdb"。

（4）单击"Export"完成 ANSYS 模型文件的输出。

参考文献

[1] 王钰栋，金磊，洪清泉，等. HperMesh&Hyperview 应用技巧与高级实例 [M]. 北京：机械工业出版社，2015.

[2] 方献军，张晨. HperMesh&Hyperview 应用技巧与高级实例 [M]. 北京：机械工业出版社，2017.

[3] 付亚兰，谢素明. 基于 HperMesh 的结构有限元建模技术 [M]. 北京：中国水利水电出版社，2014.

[4] 李楚琳，张胜兰，冯樱，等. HyperWorks 分析应用实例 [M]. 北京：机械工业出版社，2013.

[5] 张胜兰，等. 基于 HyperWorks 的结构优化设计技术 [M]. 北京：机械工业出版社，2007.